咔嗒一声 迎刃而解

金钥匙可持续发展 中国优秀行动集

主　编 / 钱小军　　**副主编** / 于志宏

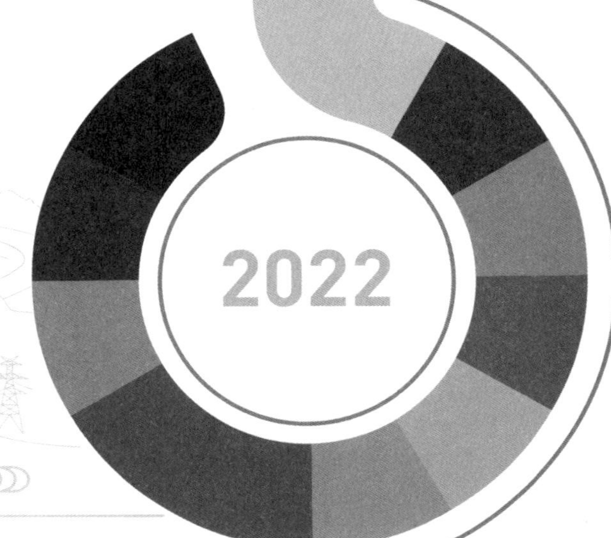

经济管理出版社
ECONOMY & MANAGEMENT PUBLISHING HOUSE

图书在版编目（CIP）数据

金钥匙可持续发展中国优秀行动集．2022/ 钱小军主编． —北京：经济管理出版社，2023.8

ISBN 978-7-5096-9186-1

Ⅰ．①金… Ⅱ．①钱… Ⅲ．①可持续性发展－中国－文集 Ⅳ．① X22-53

中国国家版本馆 CIP 数据核字（2023）第 164421 号

组稿编辑：魏晨红
责任编辑：魏晨红
责任印制：黄章平
责任校对：张晓燕

出版发行：经济管理出版社
（北京市海淀区北蜂窝路 8 号中雅大厦 A 座 11 层　100038）
网　址：www. E-mp. com. cn
电　话：（010）51915602
印　刷：北京市海淀区唐家岭福利印刷厂
经　销：新华书店
开　本：720mm×1000mm/16
印　张：12.5
字　数：228 千字
版　次：2023 年 8 月第 1 版　　2023 年 8 月第 1 次印刷
书　号：ISBN 978-7-5096-9186-1
定　价：98.00 元

《金钥匙可持续发展中国优秀行动集》编委会

“金钥匙——面向 SDG 的中国行动”简介

2015 年 9 月 25 日，“联合国可持续发展峰会”通过了一份由 193 个会员国共同达成的成果文件——《改变我们的世界——2030 年可持续发展议程》（Transforming our World: The 2030 Agenda for Sustainable Development，以下简称《2030 年可持续发展议程》）。这一包括 17 项可持续发展目标（SDGs）和 169 项具体目标的纲领性文件，既是一份造福人类和地球的行动清单，也是人类社会谋求成功的一幅蓝图。可持续发展成为全球的最大共识。

中国高度重视落实《2030 年可持续发展议程》，习近平主席多次就可持续发展发表重要讲话。2019 年 6 月，习近平主席在第二十三届圣彼得堡国际经济论坛上发表的题为《坚持可持续发展 共创繁荣美好世界》的致辞中提出深刻论断：可持续发展是破解当前全球性问题的“金钥匙”。

2020 年 1 月，联合国正式启动可持续发展目标“行动十年”计划，呼吁加快应对贫困、气候变化等全球面临的严峻挑战，以确保在 2030 年实现以 17 个可持续发展目标为核心的《2030 年可持续发展议程》。

2020 年 10 月，为落实习近平主席的“可持续发展是破解当前全球性问题的‘金钥匙’”论断，响应联合国可持续发展目标“行动十年”计划，《可持续发展经济导刊》发起了“金钥匙——面向 SDG 的中国行动”活动，旨在寻找并塑造面向 SDG 的中国企业行动标杆，讲述和分享中国可持续发展行动的故事和经验，为推动中国和全球可持续发展贡献力量。

“金钥匙——面向 SDG 的中国行动”致力于成为中国可持续发展领域行动的“奥斯卡奖”，通过“推荐—评审—路演—选拔”层层递进的流程，强化专业性、公正性和竞争性，让最具“咔嗒一声，迎刃而解”这一“金钥匙”特征的优秀行动脱颖而出。

“金钥匙——面向 SDG 的中国行动”提出并遵循“金钥匙 AMIVE 标准”：①找准症结：精准发现问题才有解决问题的可能（Accuracy）；②大道至简：找到“高匹配度”的问题解决路径（Match）；③咔嗒一声：以创新智慧突破性解决问题的痛点（Innovation）；

④迎刃而解：问题解决创造出综合价值和多重价值（Value）；⑤眼前一亮：引发利益相关方共鸣并给予正向评价（Evaluation）。

首届（2020 年）“金钥匙——面向 SDG 的中国行动”得到了企业的积极响应。来自 79 家企业的 94 项行动通过层层选拔，其中 57 项行动荣获“金钥匙·荣誉奖”，37 项行动荣获“金钥匙·优胜奖”，9 项行动荣获“金钥匙·冠军奖”。在 2021 年“金钥匙——面向 SDG 的中国行动”中，112 家企业的 126 项行动通过层层选拔，其中 45 项行动荣获“金钥匙·荣誉奖”，60 项行动荣获“金钥匙·优胜奖”，15 项行动荣获“金钥匙·冠军奖”。

2022 年 6 月，《可持续发展经济导刊》启动了 2022 年“金钥匙——面向 SDG 的中国行动”，得到了华平投资、中国圣牧有机奶业有限公司的大力支持，以及广大企业的积极响应，一大批落实 SDG 的企业行动汇聚到金钥匙平台。“双碳”先锋、无废世界、可持续消费、礼遇自然、乡村振兴、优质教育、人人惠享、科技赋能、韧性价值链、可持续金融、驱动变革共 11 个类别 109 家企业的 124 项行动经过层层选拔，其中 76 项行动获得“金钥匙·荣誉奖”，48 项行动荣获“金钥匙·优胜奖”，14 项行动荣获“金钥匙·冠军奖”。

截至 2022 年 12 月，“金钥匙——面向 SDG 的中国行动”已连续举办了三届，共计 414 家企业的 494 项行动参加，经过专业评审与选拔，323 项企业行动成为“金钥匙行动”。这些行动是中国企业落实 SDG 的典型代表，是推动可持续发展行动的积极探索和创新，是可持续发展的中国故事。

“金钥匙行动”释放了巨大的价值和社会影响力，得到了多方的高度认可，引起了社会各界的广泛关注，并于 2021 年 6 月 22 日成功入选第二届联合国可持续发展优秀实践（UN SDG Good Practices）。其中，金钥匙平台挖掘的 6 项行动也成功入选，在世界舞台精彩亮相。

“金钥匙——面向 SDG 的中国行动”自 2020 年发起以来，得到了清华大学绿色经济与可持续发展研究中心的大力支持。一方面，清华大学绿色经济与可持续发展研究中心主任钱小军教授连续三年担任“金钥匙——面向 SDG 的中国行动”的总教练，为“金钥匙——面向 SDG 的中国行动”提供了重要的学术支持和专业指导。另一方面，为进一步推广“金钥匙行动”的价值和作用，三年来清华大学绿色经济与可持续发展研究中心与《可持续发展经济导刊》共同选编了典型案例并出版了《金钥匙可持续发展中国优秀行动集》，向致力于可持续发展的企业、高校及国际平台进行推广，为全球贡献可持续发展提供中国方案、中国故事。

金钥匙活动塑造可持续发展领导力

钱小军 金钥匙总教练、清华大学苏世民书院副院长、
清华大学绿色经济与可持续发展研究中心主任

这是我第三年担任金钥匙总教练，欣喜地看到金钥匙活动在寻找并塑造面向 SDG 的中国企业行动标杆、讲好中国可持续发展行动故事、助力中国和全球可持续发展的道路上行稳致远。在我看来，过去三年金钥匙活动用实际行动在打造可持续发展领导力方面做出了积极探索。以下是我对金钥匙活动与可持续发展领导力的理解与看法。

价值：金钥匙活动有助于引导企业打造可持续发展领导力

谈可持续发展领导力，首先需要谈谈什么是领导力。清华大学苏世民书院提供的项目叫作“全球领导力”。很多人问我如何理解领导力，我不引述专家的学术定义，只谈我自己的理解和直白解释。

我认为，领导力首先是发现问题的能力，不仅能看到问题的表象，而且能通过表象了解问题的本质。仅能发现问题还不够，领导力更体现在愿意主动寻找解决问题的方法，并动员一切可以动员的力量（财力、物力、人力和智力）去采取行动。沿用这个逻辑，可持续发展领导力就是能够发现与可持续发展相关的问题，能够并且愿意为解决这个问题开动脑筋寻找解决方案，并最终采取行动推动问题的解决。简而言之，可持续发展领导力的本质就是带领和影响他人共同解决挑战性难题、实现可持续发展的行动。

我们认为，金钥匙的价值体现在它有助于塑造和加强可持续发展领导力。金钥匙活动举办三年以来，发掘和汇集了很多企业可持续发展行动的优秀案例，其中每一项行动都是企业可持续发展领导力的具体展现。从我们发布的《金钥匙可持续发展中国优秀行动集》第二辑中举几个例子，如施耐德电气的“打造零碳工厂，赋能零碳供应链”、中国圣牧有机奶业有限公司的“把‘黄色沙漠’变成‘绿洲银行’”等，都是敏锐地发现了问题，并创造性地找到了解决方案，积极地采取了行动，很好地展现了企业可持续发展领导力。这是金钥匙的价值体现之一。

我们呼吁更多的企业参与金钥匙活动，是因为金钥匙是一个互鉴和交流的平台，在这个平台上，大家相互启发，相互借鉴，开拓思维，推进行动，建设和加强自身的可持续发展领导力，进而推动可持续发展行动力。这是我们将金钥匙行动汇集成书的初衷，也是金钥匙的价值体现之二。

金钥匙活动在努力推广可持续发展行动的过程中，正在成为中国可持续发展领导力的孵化器和加速器，帮助有志于为联合国可持续发展目标做贡献的企业在其中学习成长，向别人学习，被别人借鉴，实现“各美其美，美人之美，美美与共，天下大同”的美好目标。这是金钥匙的价值体现之三。

金钥匙活动不是生硬的宣传和号召，而是通过生动鲜活的案例故事来展示和传播解决可持续发展难题的创新方案。金钥匙活动的最终目的不是评奖，而是带动更多的企业一起为实现可持续发展共同努力。因此，我们坚持每一届金钥匙活动都出一本案例集，以持续扩大可持续发展的影响力。这是金钥匙的价值体现之四。

启示：金钥匙行动展现可持续发展领导力

作为金钥匙总教练，思考三年来参与金钥匙活动的过程不难发现，金钥匙优秀行动企业都有以下几个特点：

一是强烈的责任感，有推动可持续发展变革的自觉和雄心。每一家金钥匙优秀行动企业都是以责无旁贷的主动精神和勇于担当的勇气雄心，成为可持续发展领域的自觉行动者。没有这种强烈的责任感和自觉精神，就无法做出这些优秀的行动，也不可能展现出可持续发展的领导力。

二是敏锐的觉察力，有准确界定具有普遍意义的可持续发展问题的能力。可持续发展相关问题涉及方方面面，我们自己所在的企业能够做什么？金钥匙优秀行动要求“找准症结”，就是要求企业拥有能够精准发现问题的能力。

这里的“精准”要求具有一定的普遍意义，一般应该与企业的主业有一定的关系，且企业在一定程度上拥有解决这个问题的资源和能力，例如《金钥匙可持续发展中国优秀行动集》第二辑中的“创新易食食品解决方案　给予老年人舌尖上的幸福”（荷兰皇家帝斯曼集团），“适老化信息服务，助力跨越‘数字鸿沟’”（中国移动江苏公司）和“低碳让办公更‘自由’”（中海 OFFICEZIP）等行动都体现了这一特点。

三是超常的思维能力，创造性地找寻“四两拨千斤”的解决方案。金钥匙行动要求企业超越常规进行思维，以问题为出发点，不受企业边界和跨行业限制，创造性地找到“四两拨千斤”的解决方案。“咔嗒一声，迎刃而解”是金钥匙行动的独有特色和要求。“‘电力眼’赋能乡村振兴路”（国网湖南省电力有限公司）、“百度地图‘智慧’破解城市停车难题”（北京百度网讯科技有限公司）、“电力警‘报’助力太湖蓝藻治理”（国网无锡供电公司）等行动都体现了这一特点。

四是良好的协调能力，具有汇聚优势和资源并让解决方案落地的行动力。许多可持续发展问题都无法依靠一己之力完美解决，需要企业能够在价值链或跨组织间进行协调，通过合作来形成可行、有效的解决方案。“e 路无忧，让新能源汽车在城市跑起来”（国网天津城南供电公司）等行动，都是跨企业、跨组织和跨行业整合资源和力量，使解决方案很好落地的优秀行动。

五是讲好故事的能力，具有引领行业、价值链、合作伙伴共同行动的影响力。金钥匙行动的评奖过程要求企业既会做，也会讲，让人们能够“眼前一亮”。做得好不一定能获奖，讲好可持续发展行动故事，不仅有助于提高获奖概率，同时也能够更好地为其他企业提供启发和借鉴，从而扩大自身的可持续发展影响力。所以，希望企业都能够注意提高自己讲故事的能力，进而让金钥匙行动更好地起到引领和带动供应链企业、合作伙伴和整个行业共同行动的作用。

展望：从企业可持续发展领导力到中国可持续发展领导力

金钥匙活动的愿景是通过汇集、发掘、奖励和传播中国企业的可持续发展优秀行动，助力中国企业建设和强化可持续发展领导力，更主动地承担在全球可持续发展中的大国责任，并在国际上树立和发挥中国的可持续发展领导力。为了能够实现这样“由点带面”的愿景，我在此对金钥匙行动企业提出了几个期待：①主动担责，加强精准识别问题的能力；②创新思维，注重解决方案的有效性和可复制性；③协同行动，发挥可持续发展行动力；④讲好故事，强化可持续发展领导力；⑤不忘初心，让星星之火呈现燎原之势。

未来，我十分期待看到更多企业的可持续发展优秀行动在金钥匙平台涌现出来，展现可持续发展领导力。可持续发展之路，“道阻且长，行则将至；行而不辍，未来可期”。让我们共同努力！

讲好中国可持续发展行动故事

于志宏 金钥匙发起人、《可持续发展经济导刊》社长兼主编

中国高度重视可持续发展，积极落实联合国《2030 年可持续发展议程》。讲好中国企业可持续发展行动的故事、讲好中国贡献联合国 2030 年可持续发展目标的故事是提升中国企业国际传播能力的重要组成部分，有助于中国企业国际形象建设，更好地服务于国家发展大局。

《可持续发展经济导刊》自 2020 年发起并举办“金钥匙——面向 SDG 的中国行动”以来，持续寻找并塑造面向 SDG 的中国企业行动标杆，讲述中国可持续发展行动的故事，不断地为推动中国和全球可持续发展贡献力量。面对讲好中国可持续发展行动故事的宏大目标，“金钥匙——面向 SDG 的中国行动”通过提出一套可持续发展优秀行动的评价标准（金钥匙标准）、一套可持续发展优秀行动的评价流程以及组建一批具有国际化、专业化、多元化、产业化的可持续发展行动评审专家，为中国企业讲好可持续发展行动故事搭建起了重要平台。

所谓“不积跬步，无以至千里”，《可持续发展经济导刊》通过组织举办“金钥匙——面向 SDG 的中国行动”，正在以星火燎原之势鼓励和推动中国企业主动分享可持续发展行动、讲好可持续发展故事，让可持续发展的“中国故事”持续输出、辐射全国、走向世界。

在各方的关注和支持下，2022“金钥匙——面向 SDG 的中国行动”形成了更大的影响力，吸引了更多的企业积极参与，诞生了更多的中国故事、中国行动和中国方案。在这个过程中，企业参加金钥匙活动需要连闯预评审、路演晋级赛和冠军选拔评审三关，从寻找和提交可持续发展行动的文字材料，到参加路演评审现场讲述可持续发展行动故事，再到制作行动故事的百秒视频角逐最高荣誉，充分体现了企业对推动可持续发展的执着和自信，体现了企业分享可持续发展行动的坚定决心和强烈愿望，也助推企业淬炼出讲好可持续发展行动故事的完整方案。

结合“金钥匙——面向 SDG 的中国行动”举办经验以及不同企业在金钥匙平台上展示的可持续发展行动，我们认为，企业讲好中国可持续发展行动故事离不开“洞察和发现”“塑造和淬炼”“平台和声量”三个步骤。

洞察和发现。讲好故事的基础是要有故事素材，即企业开展的实践行动。实际情况是，不少企业对于哪些行动更具价值、具有什么价值往往不甚了解。因此，要有深入的洞察力发现支撑实践行动的理念，特别是要先分析实践行动和联合国可持续发展目标之间的关系，衡量实践行动对实现联合国可持续发展目标的贡献度，再去发现实践行动的创新性表现在哪里、具有哪些示范意义。

塑造和淬炼。好的故事需要经得起各种考验甚至质疑，要具备足够的吸引力，这就离不开塑造和淬炼的过程。企业面对利益相关方“开展路演”，回答来自不同视角的问题，重新审视实践行动的方方面面，是塑造好故事的路径之一；深入思考故事背后蕴含的“管理价值”，与各方特别是与学术界共同探讨实践行动带来的管理变革，有助于凝练实践行动的管理经验，提升故事的内涵；对故事的塑造和淬炼过程，还需要捕捉其“文化艺术”魅力，由于艺术极具感召力，让实践行动富有艺术特质，可以超越行业、地区的差异，让人眼前一亮，引发各方的共鸣，特别是能够唤醒公众对可持续发展的响应和追求。

平台和声量。可持续发展是全球共识，向国际社会讲好中国企业可持续发展故事不仅需要国内平台，更需要重视并传播到可持续发展的国际平台。《可持续发展经济导刊》开展的“金钥匙——面向 SDG 的中国行动”更加注重与可持续发展的国际平台对接，扩大中国企业在这些平台上的“声量”和影响。例如：鼓励中国企业的可持续发展优秀实践行动能够在联合国气候变化大会上亮相、在联合国《生物多样性公约》缔约方大会上发声；鼓励更多中国企业申报联合国可持续发展优秀实践，提供贡献 SDG 的中国企业样本。

可持续发展是长期的事业，企业践行可持续发展理念、打造可持续发展优秀项目、讲好可持续发展故事非一日之功，需要不断探索、打磨、优化、升级。从理念到行动，从行动到故事，从故事到品牌，“金钥匙——面向 SDG 的中国行动”希望汇聚各方力量，共同支持中国企业讲好可持续发展故事，为联合国可持续发展目标的实现贡献中国方案，提升中国企业可持续发展领导力，提升企业的品牌影响力和国际影响力。

编者的话

为了发挥 2022 年“金钥匙——面向 SDG 的中国行动”的价值和作用，《可持续发展经济导刊》与清华大学绿色经济与可持续发展研究中心共同选编和出版了《金钥匙可持续发展中国优秀行动集（2022）》（以下简称《2022 年金钥匙行动集》）。

本着自愿参与、重点选拔的原则，按照“金钥匙标准”，《2022 年金钥匙行动集》收录了来自 2022 年“金钥匙——面向 SDG 的中国行动”中人人惠享、乡村振兴、可持续消费、科技赋能、可持续金融、驱动变革、无废世界、礼遇自然、双碳先锋等类别的 26 项企业优秀实践。这些金钥匙可持续发展优秀行动，彰显了中国企业的可持续发展意识、创新能力，展现了中国企业解决可持续发展难题的能力和实力，为落实联合国 2030 年可持续发展目标做出了积极贡献，并成为致力于可持续发展企业学习的榜样。

《2022 年金钥匙行动集》面向高校商学院、管理学院，作为教学参考案例，可提升未来领导力的可持续发展意识；面向致力于实现联合国可持续发展目标的企业，可促进企业相互借鉴，推动可持续发展行动品牌建设；面向国际平台，可展示、推介中国企业可持续发展行动的经验和故事。

目　录

人人惠享

美团外卖

同舟计划，构建骑手职业良性发展生态

一、基本情况

公司简介

美团外卖于 2013 年 11 月正式上线，秉承“帮大家吃得更好，生活更好”的使命，始终聚焦于消费者“吃”的需求。通过科技连接消费者和商家，依托庞大的骑手团队，搭建起了覆盖全国的实时配送网络，为消费者提供品质化、多样化的餐饮外卖服务。美团外卖在加强平台自身建设的同时，致力于运用数字化技术推动餐饮行业的供给侧结构性改革，协同商家、用户和骑手等产业链上下游共同打造互惠共赢的合作生态，让餐饮行业在数字化时代焕发新的生机，让消费者拥有更加轻松、便捷、高效的用餐体验。

行动概要

美团外卖推出了“同舟计划”，从工作保障、体验提升、职业发展、生活关怀四个方面加强对骑手的关怀。美团外卖持续完善骑手劳动报酬规则，优化骑手报酬支付流程，不断推进规范用工，积极配合职业伤害保障试点落地工作；加快落实“算法取中”，多次公开算法，推动算法透明；采用骑手恳谈会、申诉机制等方式畅通骑手诉求表达通道；因地制宜地探索骑手工会建设，通过大病关怀金、袋鼠宝贝公益计划、717 骑士节、同舟守护 1m^2 等项目，提升骑手幸福感；牵头申报“网约配送员”新职业，推出符合骑手需求、多层次的职业发展举措，拓展骑手职业发展空间。

二、案例主体内容

背景 / 问题

外卖骑手是伴随平台经济发展而产生的灵活就业群体。2021 年，在美团外卖上取得收入的骑手超过 527 万人，日均活跃骑手超过 100 万人。随着骑手群体的日益庞大，政府、专家、公众都对他们的权益保障越发关心，外卖平台的“算法规则”和骑手的“职业体验”成为舆论关注的焦点。外卖平台如何在促进充分就业的基础上，让骑手从这份工作中能够获得体面的收入和良好的发展，让社会能够因为骑手的存在而变得更加美好，是外卖企业的价值与使命，也是实现 SDG 第 8 项目标——体面工作和经济增长的美好蓝图。

行动方案

2020 年底，美团外卖推出了“同舟计划”，从工作保障、体验提升、职业发展、生活关怀四个方面系统性地加强对骑手的各项保障。

在工作保障方面，美团外卖从“基础收入”“津贴补贴”“激励奖励”“其他收入”四个模块对骑手收入类目及补贴项进行梳理对标，确保骑手正常情况下的劳动报酬不低于当地最低工资标准。同时，推动报酬管理系统建设，建立更加规范透明的报酬补贴线上发放流程；督促规范用工，杜绝骑手注册成为个体工商户；倡导无歧视用工，积极配合国家职业伤害保障试点落地，与商业保险公司合作开发适合骑手工作特点的商业保险，扩大商业保险在骑手群体中的覆盖面。

在体验提升方面，美团外卖持续加快落实“算法取中”，向社会主动公布了骑手相关算法规则，推动算法透明。为骑手搭建理性有序、表达合理诉求的渠道，进行了“骑手恳谈会”“申诉机制”“产品体验官”等尝试，让骑手畅通有效地表达诉求。此外，美团外卖持续升级安全培训、智能硬件、保险保障，并与主管部门、各地交警部门密切配合，建立了安全宣导、预警跟踪、防控消防风险、警企共治等成体系的安全保障机制。

在职业发展方面，美团外卖根据骑手职业中各阶段的关键任务场景，开发并推出了全流程、全方位、全阶段的培训课程，同时积极参与到网约配送员新职业体系的建设之中，配合人力资源和社会保障部展开相关试点工作，共同探索外卖员新职业的技能标准建设；推出“站长培养计划”“骑手转岗机制”等符合骑手需要、多层次的职业发展举措；针对想要提升学历和获得更好发展的骑手，美团外卖也推出了资助骑手

袋鼠宝贝之家·协作者童缘

上大学的项目。

在生活关怀方面，美团外卖在配送站点配置了集常用药品、健康科普宣导、服务指引、服务申请、意见反馈、器械物资存放等功能于一体的自助健康服务专区——“同舟守护 $1m^2$”，并通过定期健康体检、心理咨询热线等多种形式关爱骑手的身心健康；通过大病关怀金、“袋鼠宝贝公益计划”、免费健康咨询等形式，提升骑手家庭抵御风险的能力；通过为骑手提供用餐折扣优惠、休闲娱乐权益、寒暑时节的物资保障，建立遍布全国的爱心驿站，温暖骑手的日常生活；通过举办“717 骑士节”、篮球赛、王者荣耀争霸赛等活动，在美团骑手 App 上设立骑手社区，给骑手提供互相交流、展示自我、快乐生活的平台。

关键突破

作为伴随数字时代诞生的新职业和灵活用工的代表，骑手的权益保障和职业体面是全行业、全社会都在探索的方向。美团外卖充分发挥互联网企业的优势和特点，主动探索一些创新性和突破性的措施，努力为骑手提供公平的收入、安全的工作场所、家庭的社会保障、更好的个人发展前景和社会融合。

突破一：算法取中与算法透明

算法规则一端关系着商户和用户的体验，另一端关系着骑手的收入和安全。美团外卖瞄准解决问题的关键点，积极落实算法取中，从技术决定向价值引领、以人为本转变，从效率优先向注重安全、平衡兼顾转变，从单方主导向公开透明、多方参与转变。

2021 年 9 月至 2022 年底，美团外卖多次公开算法并作出调整，优化算法规则取得了明显成效。

订单分配规则。一份外卖订单承载着三端的需求：用户希望早点吃上饭、商家希望一出餐就有骑手取走、骑手希望接到的都是顺路的订单。美团外卖订单分配算法会对骑手、订单、商家等信息进行全局分析，做出匹配决策，尽可能地将订单派发给“更有时间、更加顺路”的骑手。

出餐信息透明化。在各种送餐意外状况中，九成骑手提到了“高峰期等餐时间过长”，提及率位列第一。美团外卖正在推动商家出餐后及时向骑手同步信息，帮助骑手提前规划取餐路线，降低配送压力。在重点运营的商家订单中，骑手等餐时长同比下降了 18%，等餐时间超过 10 分钟的订单减少了 27%。

预估送达时间规则。骑手的“预估到达时间”应用了四种不同的算法，系统会从四个时间计算结果中选取最长的作为“预估送达时间”。

预估送达时间区间化。为了让用户对配送时间有更合理的预期，也减少骑手在特殊场景下的配送压力，美团外卖将预估送达时间从“时间点”改为“时间段”，目前已在全国开展。该项算法改善了用户和骑手的体验，与优化前相比，用户催单率下降了 43.24%、差评率下降了 67.39%，骑手罚单率下降了 51.67%。

骑手服务评价规则。在绍兴、太原、昆明等 15 个城市，美团外卖进行了优化后的服务评价规则试点，采用“服务星级评价体系”。对差评、超时等情况的处理，从罚款改为扣分，同时可以通过安全培训、模范事迹等获得加分，并通过全月累计积分来评定骑手的服务质量，从而确定对应奖励，以降低偶发状况对骑手收入造成的影响，减轻配送压力，保障配送安全。

突破二：畅通诉求表达渠道

骑手恳谈会。2021~2022 年，美团配送在全国范围内共计召开 192 场骑手恳谈会。骑手提出的意见和建议主要涉及配送体验、算法规则、申诉机制、工作环境、福利保障等方面。对于其中较普遍、对骑手工作生活影响较大的问题，美团相关部门积极进行针对性改进，并以半月刊的形式，在“美团骑手”微信公众号、骑手 App 社区等改善专栏渠道公布具体的举措。

骑手恳谈会——骑手权益保障专场

女骑手体检

申诉机制。美团外卖开通了骑手权益保障专线10101777，受理劳动报酬、劳动安全、保险保障、用工合规等方面的疑难问询和投诉，帮助骑手维护合法权益。

在目前3000余名全职骑手客服人员的基础上，打通各条骑手申诉渠道，及时解决骑手遇到的问题。同时，充分利用“骑手评价商家通道”，并针对骑手反馈的出餐慢、环境差等商家问题与商家进行沟通。

为降低骑手在差评申诉过程中的沟通成本和难度，提前梳理骑手在送餐途中可能遇到的共性问题，为骑手提供实时上报申诉通道，消除非骑手原因的差评。通过问卷调查和实地走访，已经梳理出了“无法联系到用户”等原因导致差评的30多种特殊场景。

产品体验官。美团外卖邀请骑手担任产品体验官参与骑手端产品评测，提出反馈建议，帮助产品升级。如果建议被采纳，骑手可以享受特殊津贴，同时在骑手App上获得特殊勋章标识。

突破三：打通职业发展通道

站长培养计划。美团推出了“站长培养计划”，通过公开透明的选拔标准、清晰科学的晋升机制，打通骑手晋升通道，帮助有能力、有意愿的骑手晋升到站长、合作商管理岗位、众包统管运营等岗位。该计划已完成在成都、苏州、厦门、北京等多个城市的试点，近3000名骑手报名；自2021年11月起，该计划陆续在全国范围内推行。据统计，在美团配送生态的管理人员中，约86%是由骑手晋升而来。

骑手上大学。美团外卖与国家开放大学合作开展“骑手上大学”项目，为有学历提升需求的骑手提供零经济压力、更便捷的深造渠道，探索扩大骑手的职业发展空间，向行业输出高质量就业人才。2022年，“骑手上大学”项目第三期，获得全额奖学金进入国家开放大学进修本科或大专学历的骑手达到了 248 名。

多重价值

实现“充分就业”，保障稳定收入

由于时间灵活、多劳多得、允许兼职取酬、门槛较低等特点，外卖骑手职业为进城务工人员、摩擦性失业者等群体提供了平等的就业机会。《2021 年度美团骑手权益保障社会责任报告》显示，2021 年在美团外卖上取得收入的骑手超过 527 万人，日均活跃骑手超过 100 万人，外卖骑手配送成本支出达 682 亿元。骑手职业具有透明化属性，工资即时结算，并且就业岗位具有长期持续性。首都经济贸易大学劳动经济学院研究表明，全国农村户籍外卖骑手月均收入比农民工高 13.4%。

面向“体面生活”，提升职业认同

美团外卖为骑手提供了自由、多元的工作方式，职业晋升路径清晰，决策权的提升和丰富的工作福利也增强了骑手的职业认同感，并不断提高了社会各界对外卖骑手的尊重。近年来，美团外卖的女性骑手比例上升，这不仅意味着就业机会的平等，也意味着妇女劳动参与率的提升。2021 年 12 月，上海交通大学中国发展研究院、“城市酷想家”团队发布的《骑手职业与城市发展》研究报告显示，49.5% 的骑手认为这是一份“付出努力就可以获得回报的工作”，53.8% 的骑手认为这是一份具有掌控感的“自主性”工作，灵活的工作时间也方便了他们参与学习、社交，为未来的职业发展积累人力资本和建立社会关系网络。

提升骑手运力，保供保送

及时配送服务是一个高度耦合的生态系统。美团外卖实施多项措施保障骑手权益，加强骑手关怀的措施既是在履行企业的社会责任，也从业务端确保了骑手运力的稳定，为构建可持续健康发展的外卖生态圈打下了基础。2021 年，国家将网约配送员（骑手）这一岗位正式纳入了《职业大典》，随着技术的持续提升和业态的日益成熟，骑手将更加深度地融入社会生活。

未来展望

随着骑手职业作为就业“蓄水池”的社会经济价值日益显著，美团外卖将把骑手保障工作放在突出位置，继续围绕“同舟计划”落实各项举措，在不断创造新就业岗位的基础上，进一步放大骑手保障这一“就业价值乘数”，推动骑手就业，实现岗位数量和

质量双提升，帮助广大骑手好就业、就好业。

三、专家点评

数字技术增加共享的三个基本能力，对于促进弱能力人群的就业和交易、促进低资产人群的融资和发展、促进低教育人群的参与和提升，都能够发挥出重要作用。比如外卖骑手，据统计，77% 的美团外卖骑手来自农村，1/4 来自原国家级贫困县，他们借助平台提供的机会可以快速参与市场，最快一两天就可以正式开始工作。外卖骑手的收入也远高于农村居民的收入，即使与城市就业者的平均收入相比也毫不逊色。在增加就业岗位、增加收入的同时，也就促进了共享发展。

——全国人大常委会委员、中国行政管理学会会长　江小涓

即时配送行业已成为吸纳就业的“蓄水池”，骑手岗位成为赚取额外收入、减轻社会就业压力、提高劳动力配置效率的新的就业形态，也为许多偏远地区劳动者群体、脱贫家庭、零就业家庭创造了就业机会。除提升就业容量之外，提升就业质量也是重要的方向，利用数字化手段对新手推送“关照单”、开展技能培训、进行免责激励等，有利于帮助他们更快地融入新职业，从而建立职业自信，提高收入水平。

——首都经济贸易大学副教授、中国人民大学中国就业研究所研究员　毛宇飞

（撰写人：杨碧聪　王娅郦）

人人惠享

可持续发展目标

8 体面工作和经济增长

国网江苏省电力有限公司常州供电分公司

电力大数据为劳动者解忧

一、基本情况

公司简介

国网江苏省电力有限公司常州供电分公司（以下简称国网常州供电公司）主要负责经营、管理、建设常州地区电网，为常州经济社会发展和人民生活提供电力保障。辖金坛、溧阳两个下属供电公司，营业区覆盖溧阳 1 个县级市和金坛、武进、新北、天宁、钟楼 5 个区，营业厅数量 44 个，服务客户 283.6 万户。国网常州供电公司始终坚持“人民电业为人民”的企业宗旨，争当国民经济的保障者、能源革命的践行者及美好生活的服务者。近年来，紧紧围绕新时代发展目标，坚持安全第一，加快电网建设，加强优质服务，强化经营管理，将可持续发展与企业运营相融合，全力服务地方经济社会高质量发展。

行动概要

拖欠劳动者工资既是法律问题，也是社会问题。全面治理拖欠工资问题，既要以更加严格的政策法规约束惩处，更要从源头上杜绝和减少欠薪问题的发生。《保障农民工工资支付条例》规定，县级以上地方人民政府应当建立农民工工资支付监控预警平台。在此背景下，国网常州供电公司聚焦业务创新发展和社会科学治理，建立“电力数据辅助劳动关系预警监测平台”，通过监测分析企业生产力水平和异常用电情况，实现因企业异常经营而发生欠薪事件的风险预警，协助劳动监察部门在企业出现欠薪苗头时及时堵住漏洞，

实现监管模式由被动转向主动，与政府部门形成治理合力，切实维护广大劳动者的合法权益和劳动公平秩序。

二、案例主体内容

背景/问题

让劳动者体面地工作、有尊严地获取报酬，是文明社会的基本特征。但是，在城市化进程加快和市场经济迅速发展的过程中，拖欠劳动者薪酬事件时有发生，不仅损害了劳动者的合法权益，更引发了深层次的社会信任危机，冲击着社会和谐与稳定。国家及各省市相关部门高度重视对拖欠工资事件的治理，严厉惩处违法违规行为。

采取法律手段处罚恶意欠薪行为虽然能够有效帮助劳动者追回工资，但在根除欠薪“痼疾”、防止欠薪事件发生上仍然略显乏力。一是缺乏及时有效的监测手段。劳动监管部门无法及时准确地根据企业经营状况，进行有效预判，提前实施干预，从源头阻止欠薪事件发生。二是缺少遏制欠薪乱象的强大合力。仅仅依靠监管部门容易造成监控滞后、不全面的问题，因此需要凝聚各利益相关方的力量，从监督、控制、发现、查处等各个环节遏制乱象，维护公平、有序劳动用工秩序。

2020 年 5 月 1 日，《保障农民工工资条例》开始施行，规定县级以上地方人民政府应当建立农民工工资支付监控预警平台。在此背景下，国网常州供电公司充分发挥企业优势，为农民工工资支付监控预警平台的搭建提供支持，主动成为根除欠薪“痼疾”中的重要一环，推动被动“清欠”变为主动“防欠”。

行动方案

国网常州供电公司将自身发展融入构建和谐社会的进程中，积极响应国家政策，不断创新业务，搭建平台，加强与政府部门合作，成为劳动者合法权益的守护者和社会公平秩序的维护者。

搭建平台，妙用电力数据监测劳资关系

用电数据是企业经营状况的“晴雨表”，如果企业用电数据出现明显异常，那么该企业很可能存在经营不良的情况，进而发生劳资纠纷的风险。国网常州供电公司搭建了江苏省省内首个涵盖电、水、气、税等要素的综合预警监测平台——电力数据辅助劳动关系监测预警平台，将电力数据作为监测企业经营情况的切入点，将劳动关系与电力大数据相结合，采集用电客户信息、电度电费信息、违约用电窃电信息等数据，从生产力水平、欠费、欠费停电、窃电行为、用电容量变更等维度，构建劳动关系预警模型，从电力行为角度评价企业风险等级，有的放矢地提升监管效率。

划分企业生产力水平等级。平台将企业的用电量按权重比较，构建出生产力增长指数，经统计分析将企业生产力水平预警划分为黄色、橙色、红色三个等级，分别代表生产力下降10%~30%、30%~70%、70%以上，相关部门可以根据不同预警制定相应的措施，提升监管效率。

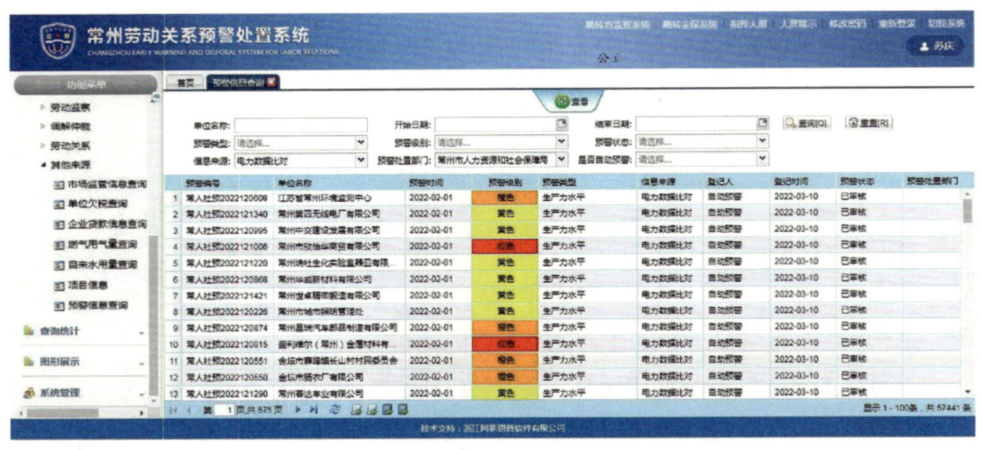

以有效工具辅助监测

重点监测分析异常用电。针对欠费企业，对于月度欠费金额 1 万元以上的企业用户，进行企业欠费占比预警等级划分；针对欠费停电企业，在一个统计周期内计算企业累计欠费停电次数，对企业的欠费停电行为进行预警等级划分；针对窃电行为企业，利用 XGBoost 算法等大数据技术构建企业窃电智能识别模型，识别非设备自然损耗原因引起的电量损失，精准识别窃电用户，输出疑似窃电用户清单，将电能表分为高、中、低三种风险等级；针对用电容量变更企业，监测临时性减容达到一个月以上的企业，根据企业当月是否申请拆除、当月是否申请暂停、一个统计周期内（从年初累计开始算起）企业累计减容次数，对企业用电容量变更情况进行预警等级划分。平台根据以上分析，输出企业欠费、欠费停电、窃电行为、用电容量变更的清单明细，实现异常状况预警，帮助相关部门及时发现企业的异常经营状况。

临时用电企业监测分析。主要从非房屋建筑行业、房屋建筑行业这两个行业类别，对装表临时用电的企业进行监测，监测是否正常用电开工，提供异常用电开工的企业清单。针对非房屋建筑行业临时用电企业，利用当月电量与合同容量构建容量利用率。基于统计分析方法，根据容量利用率对非房屋建筑行业临时用电开工情况进行预警等级划分，按规则划分为不预警、黄色预警、橙色预警和红色预警。

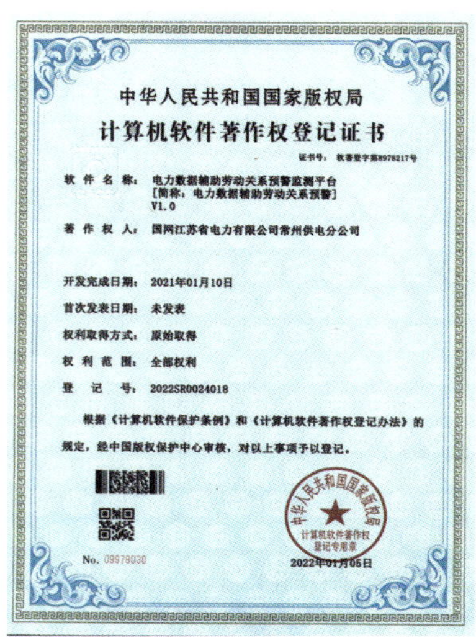
中华人民共和国国家版权局
计算机软件著作权登记证书
证书号：软著登字第8978217号
软 件 名 称：电力数据辅助劳动关系预警监测平台
[简称：电力数据辅助劳动关系预警]
V1.0
著 作 权 人：国网江苏省电力有限公司常州供电分公司
开发完成日期：2021年01月10日
首次发表日期：未发表
权利取得方式：原始取得
权 利 范 围：全部权利
登 记 号：2022SR0024018
根据《计算机软件保护条例》和《计算机软件著作权登记办法》的规定，经中国版权保护中心审核，对以上事项予以登记。
中华人民共和国国家版权局 计算机软件著作权登记专用章
No. 09978030
2022年01月05日

计算机软件著作权登记证书

该平台为国网常州供电公司首创，公司基于自身优势，着眼于社会需求，将企业社会责任根植于业务，将电力数据辅助劳动关系监测预警平台打造为预警不良劳动关系的“哨点”，利用电力大数据技术代替传统的人工摸排手段，提升劳动关系预警的数字化、智能化发展，有效预警风险，维护劳动者的合法权益。

形成合力，承担企业公民责任参与社会治理

国网常州供电公司积极推动电力数据辅助劳动关系监测预警平台在相关政府部门的应用，在严格保护企业信息隐私的前提下，逐渐与各利益相关方形成合力，遏制欠薪乱象。同时提供线上线下服务，线上提供 PC 端查询、数据接口等服务，线下提供统计分析结果、

与常州市人力资源和社会保障局签订战略合作框架协议

分析报告等服务，辅助人力资源和社会保障部门监控和预警工资支付隐患。2021 年 6 月 9 日，常州市人力资源和社会保障局与国网常州供电公司签订了“劳动关系 + 电力大数据”战略合作框架协议，双方重点在劳动关系预警、企业信用管理和诚信建设、劳动争议解决等方面开展合作，共同推动电力大数据在保障劳资关系、改善民生环境等方面的创新探索和复制推广，积极探索构建“劳动关系 + 电力大数据”政企合作新模式、新生态。

平台的搭建为劳动监察执法工作带来了新思路，大幅提升了基层执法人员的工作效率并实现了主动监管和防控，确保争议发现和预警在早，防范和化解在先。同时，平台的搭建实现了政企跨界合作，形成了遏制乱象的强大合力，创新了社会科学治理手段，有效维护社会公平正义。

多重价值

通过电力大数据监测预警欠薪风险，为各利益相关方带来多重经济价值和社会价值。

劳动者——遏制欠薪行为，保护合法权益

拖欠工资行为往往具有一定的隐蔽性，部分劳动者缺乏法律知识，让劳动者维权面临重重困难。平台的应用能够有效地实现欠薪事件监测预警，在欠薪发生之前或之初就能够及时遏制，保护劳动者合法权益，避免了劳动者为追讨薪资而增加额外负担，让劳动者劳有所得，让工作更有保障。

政府部门——创新执法思路，提升监管效率

平台的应用能够帮助有关部门及时监测企业运营状况的变化，及时发现企业的异常经营状况，预警欠薪风险，变低效率的人工摸排为高效率的数据监测。国网常州供电公司将常州市 22344 户高压用电企业纳入监测范围，截至 2022 年 8 月，通过比对红色异常用电预警信息，筛选出疑似存在欠薪风险的企业 105 家，监察支队结合“双随机”专项工作检查出

劳动监察支队现场执法

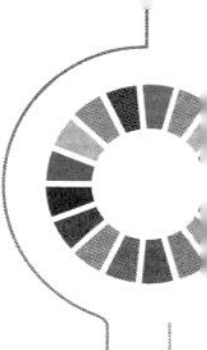

2 家实际存在欠薪风险的企业，并督促企业及时支付劳动者工资。2021 年 4 月，平台监测到位于常州金坛区的某企业 1~3 月用电量分别下降了约四成、七成和八成，生产力水平大幅下降达到红色预警水平。常州市劳动监察支队收到平台预警后，立即组织核查，发现该户一季度拖欠 64 名职工工资达 260 余万元，依法向当地人民法院申请强制执行，并将该户列入“拖欠农民工工资黑名单”。同月，某建设工程公司生产力水平下降了近 30%，且该用户曾在 3 月发生窃电行为。平台通过对电力相关数据的分析，发出欠薪红色预警。劳动监察部门收到预警后，对该企业开展现场执法督察，确认该户经营困难，已无法维持正常生产，随后将该企业列入重点关注名单，督促该企业及时支付员工工资。

电网——树立创新形象，拓展业务机会

“电力数据辅助劳动关系预警监测平台”作为国网常州供电公司首个获得计算机软件著作权的数据分析和应用成果，有效提升了公司的自主创新能力，树立了创新、智能、高效、负责的企业形象。2021 年，该平台入选了国家电网有限公司大数据应用优秀成果，国网常州供电公司的创新能力得到广泛的认可和肯定。

平台的搭建也为国网常州供电公司带来了更多的业务发展机会。国网常州供电公司与常州市人力资源和社会保障局开展合作，依托双方业务、资源优势，加强业务交流互动，将挖掘更加广泛的业务合作场景。

社区——维护公平秩序，建设美好城市

常州市劳动年龄人口超过 340 万，保护广大劳动者的权益、维护社会和谐稳定是常州市争创全国文明典范城市、谱写“强富美高”新常州的重要一环。“电力数据辅助劳动关系预警监测平台”的应用加大了对欠薪行为的预警，更有力地维护劳动公平秩序，保障基本民生，助力达成全社会遵法守法的法治共识。同时，平台有助于根治欠薪“痼疾”，为弘扬社会正气，建设和谐社会和可持续发展城市贡献着一份力量。

未来展望

未来，国网常州供电公司全面贯彻落实国网江苏省电力有限公司和常州市委、市政府决策部署，牢牢把握“稳字当头、服务为本、务实创新、全面争先”的工作主线，以创造安全和有保障的工作环境、提高劳动者生活水平、消除日益严重的不平等现象为目标，为致力于打造一个具有包容性、可持续性和韧性的未来而共同努力。

三、专家点评

国网常州供电公司积极发挥电力大数据在监测企业生产经营相关指标变化方面的价值应用，通过信息化和大数据技术，监测预警企业生产异常情况，辅助劳动监察部门从源头堵住欠薪漏洞，助力提升劳动关系预警的数字化和智能化发展，在新的时代背景下，对经济社会发展产生了多种重要价值。一方面，监测预警能够推动企业信用管理和诚信建设，为营造良好的营商环境奠定基础；另一方面，电力大数据技术代替传统人工摸排手段，为劳动监察执法工作带来了新思路并实现主动监管和防控，以政企跨界合作实现了社会治理手段的创新。电力大数据监测预警劳动关系的模式和方法在保障劳资关系、改善民生环境等方面具有良好的复制推广价值。

——常州市人力资源和社会保障局劳动关系与监察处副处长 高道胜

（撰写人：史伟 王数 范磊 商显俊）

人人惠享

微众银行

践行金融向善，助力弥合“数字鸿沟”

一、基本情况

公司简介

作为国内首家数字银行，微众银行以“让金融普惠大众”为使命，以科技为核心发展引擎，坚守依法合规经营、严控风险底线，专注为普罗大众和小微企业提供更为优质、便捷的金融服务。

自 2014 年成立至今，微众银行积极探索践行普惠金融、服务实体经济的新模式和新方法，取得了良好的成效。目前，微众银行的个人客户已经突破 3.5 亿人，小微市场主体超过 340 万家，客户增长速度在国内外商业银行发展史上前所未有；微众银行已跻身中国银行业百强、全球银行 1000 强，在民营银行中首屈一指，并被国际知名独立研究公司 Forrester 定义为“世界领先的数字银行”。

微众银行诞生于金融供给侧结构性改革的背景下，是中国金融业的“补充者”，专注普惠金融的定位，发挥数字科技的特色优势，初步探索出独具特色、商业可持续的数字普惠金融发展之路。

此外，微众银行不断思考如何更好地回馈社会，并提出了“责任 +1、消保 +1、合规 +1”的价值取向，致力于在商业可持续发展的基础上推动实现社会可持续发展。2022 年，微众银行发布了首份《可持续发展报告》，全面展现了微众银行在 ESG 战略与管理、夯实党建引领、坚持合规经营、助力普惠金融、践行绿色理念、投身公益事业等方面的实践，为社会各方创造共享价值。

行动概要

微众银行坚持倡导金融公平、促进普惠金融发展，全面加强对特殊客群的服务和保障，持续运用科技手段为听障、视障等特殊需要人士提供无障碍、有温度的金融服务，努力帮助社会各类群体平等地获得有尊严、可持续的金融服务。

针对听障客户，微众银行“微粒贷”自2016年开始提供手语视频服务；针对视障客户，微众银行推出“微众银行 App 无障碍版”，并完成“微粒贷”适配读屏功能；针对老年客户，微众银行发布了“微众银行 App 爸妈版”，助力老年客户享受数字普惠金融服务。截至 2021 年底，微众银行累计服务特殊客群超过 200 万人次。

二、案例主体内容

背景 / 问题

在我国数字化加快发展的背景下，数字技术发展带来的“数字鸿沟”现象日益凸显。面对残障人士、老年人等弱势群体，协助其跨越“数字鸿沟”，共享数字化发展成果是我国实现可持续发展必须面对的重大挑战。微众银行从自身业务出发，发现残障群体和老年群体在金融服务方面容易被忽视，是金融服务的“薄弱地带”。

一是残障群体。国务院新闻办公室 2019 年发布的《平等、参与、共享：新中国残疾人权益保障 70 年》白皮书显示，我国有 8500 万残疾人。相较其他群体的金融服务，金融机构针对残障人士的服务仍有进一步提升的空间。一方面，残障群体基数相对较少；另一方面，不排除少数金融机构出于成本考量而没有对此进行较大的投入，金融机构也确实存在一定困难。

二是老年群体。近年来，我国老年人口规模日益庞大，老龄化程度不断加深。第七次全国人口普查结果显示，我国 60 周岁及以上人口已达 2.64 亿人，占总人口的比重达到了 18.70%。加快养老普惠金融已成为适应我国人口老龄化基本国情的客观需要，如何更好地为老年人提供普惠金融服务，如何为老年人提供转移安全风险的可靠手段，如何让对新技术、新工具、新产品接受程度较低的老年人享受数字普惠金融带来的生活便利，是普惠金融必须面对和解决的新问题。

行动方案

针对弱势群体面临的“数字鸿沟”以及对金融服务的实际需求，微众银行立足于“让

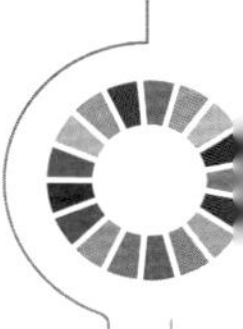

金融普惠大众”的使命，积极运用前沿的金融科技，全面升级无障碍金融服务，已为超过 200 万名听障、视障、老年人等特殊客户群体提供更贴心、有温度的普惠金融服务，助力我国金融服务弥合“数字鸿沟”，切实提升特殊客户群体在金融服务方面的获得感、幸福感、安全感。

为残障人士提供“可用”“易用”的普惠金融服务

早在 2016 年，微众银行“微粒贷”就为听障人士搭建了专属服务渠道，是在全国范围内第一家增设手语客服的银行借款产品。“微粒贷”通过 365 天不间断地远程视频手语服务，无缝服务于听障客户的咨询、借款、还款等需求，为其提供及时、有效、安全、便捷、无障碍、有尊严的普惠金融服务。此外，“微粒贷”针对视障客户的消费信贷需求，对产品进行了无障碍改造和优化，支持借款还款以及客户咨询等功能的读屏适配，全方位提升了视障客户的信贷产品服务体验。

2020 年 10 月 15 日，微众银行 App 发布无障碍服务成果，是首批完成无障碍适配和优化的手机银行。其结合光线活体、AI 语音合成、手机震动传感器和加速度传感器等技术，首创了无障碍人脸识别系统和身份证识别系统。

具体而言，无障碍人脸识别系统通过振动频率告知视障客户人脸偏离程度，通过语音告知客户如何移动手机，避免了传统的人脸识别过程中所需的点头、眨眼、读数字等对视障客户不友好的辅助核验动作。

据调查了解，视障客户需要通过读屏功能的辅助来操作手机（iOS 系统可以开启“旁白 Voice over”功能，Android 系统可以开启“屏幕朗读 Talk back”功能或者安装第三方读屏软件），然后通过触摸、滑动、双击等操作，结合系统读屏功能的语音提示，听到自己需要的功能时，通过双击进入功能。在未经过无障碍改造的 App 中，读屏软件无法识别页面内容，也就无法为视障客户准确地读出页面内容，导致视障客户无法自己操作，需要旁人协助才能完成开户、转账等操作，既无法独立完成，也影响了对金融隐私的保护。

为了满足视障群体迫切的金融需求，微众银行开展了无障碍优化工作，通过线上问卷、线下走访、电话回访等多种方式进行了大规模的视障客户调研，共计调研视障客户 700 余人，充分了解了视障客户使用金融产品的困难和需求，有针对性地对微众银行 App 进行了改造和优化，不只满足“可用”，还追求“易用”，实现了视障客户独立操作微众银行 App 的目标。

量身定制便捷的养老普惠金融服务，满足老年人的实际需求

2021 年 10 月 14 日，微众银行发布了“微众银行 App 爸妈版”，通过对超百位 60 岁以上用户进行调研访谈，了解了老年用户当前的主要金融使用场景和金融服务需求，进行了诸多优化。在页面设计上，字体更大，界面更简洁，并减少了营销推送；在产品提供上，主要提供符合老年人风险承受能力的中低风险金融产品，并逐步引入专属养老金融产品和康养文旅等相关养老权益；在适老服务上，首页设置了一键呼叫人工客服的按钮，可及时响应老年人的金融服务需求。

2022 年，微众银行 App 还针对老年人和视障用户推出了“空中柜台”服务，服务专员可以通过语音和视频在线远程为客户办理理财、退休金增值计划等多项业务。老年人和视障用户无须亲临柜台，在手机上就可以享受到安全、便捷、多方位的金融服务，开创了线上远程金融服务的新模式。

多重价值

优化升级金融产品，使听障客户和视障客户便捷地享受金融服务

微众银行“微粒贷”为听障客户和视障客户提供及时、有效、安全、便捷、无障碍、有尊严的普惠金融服务，截至 2021 年末，已累计服务听障客户超 13 万人次。

在微众银行 App 未进行无障碍优化时，视障客户很难在 App 独立进行开户等操作，经过这次无障碍优化，视障客户可以在读屏功能的协助下“看到”屏幕内容，就像为每一位视障客户提供了一根“盲杖”，使视障客户足不出户就可以独立完成银行账户的开户，顺利使用手机在线上完成转账、储蓄、理财等业务，极大地提高了他们的生活便利

通过远程视频手语服务为听障客户提供金融咨询需求

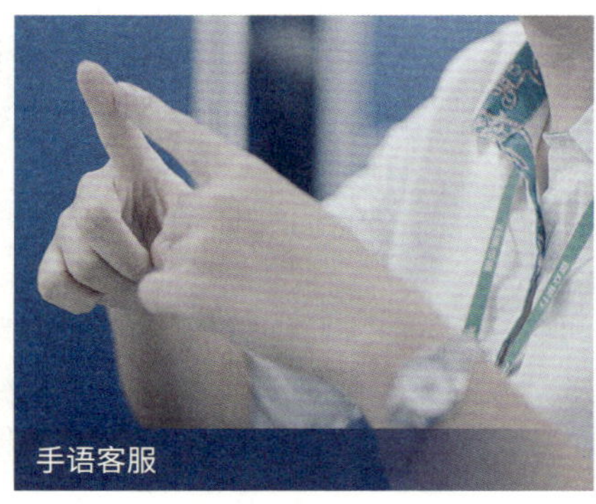
手语客服

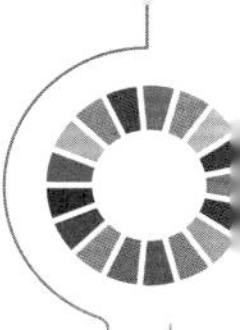

性，使他们可以平等地、有尊严地享受手机金融服务。

目前，“微众银行App无障碍版”已申请了7项相关专利，其中《终端读屏方法、装置、设备及存储介质》已取得专利证书，《安全键盘输入方法、装置、设备及计算机可读存储介质》和《证件上传识别方法、设备及计算机可读存储介质》已进入实质审查阶段，其余4项专利申请已通过初步审查。

定制化金融产品，让老年人听得懂、会使用、敢消费，提升幸福感

“微众银行App爸妈版”充分发挥金融科技能力，融入老年人日常生活场景，推出了符合老年人习惯和更简单、更方便的数字化金融产品服务，让老年人听得懂、会使用、敢消费，让更多老年人能够放心、安全地使用数字普惠金融产品和服务，解决了老年人使用不足、效率不高和安全不够等问题，缩小了“数字鸿沟”，将被数字金融体系排斥的老年人群体纳入了主流金融体系，为老年人提供了更加普惠、绿色、人性化的数字金融服务。

微众银行开创了新的业务，创造了新的机遇

“数字鸿沟”也是“数字机遇”。微众银行通过创新普惠金融产品，不仅实现了自身产品升级和拓展，也为自身创造了更大的市场机遇，在普惠金融领域赢得了更大的认可，带来了更大的发展机遇，彰显了用金融助力联合国可持续发展目标实现的能力，也为行业探索多元化普惠金融产品树立了榜样。截至2021年底，微众银行App无障碍版已累计服务逾5000位视障客户，受到了视障客户的好评。

2020年10月15日“国际盲人日”之际，微众银行、深圳市无障碍环境促进会及深圳市盲人协会在深圳联合举办了“微众银行App无障碍成果发布会”。微众银行的无障碍成果获得了视障客户的广泛好评，让他们可以独立地管理自己的资金，保护了个人隐私和资金安全。

2021年，“微众银行App无障碍版”分别入选了信息无障碍研究会发布的“2021‘可及’信息无障碍技术突破优秀案例汇编”、中国计算机协会发布的“2021 CCF YOCSEF技术公益案例集”、中国人民银行主编的《中国普惠金融典型案例》。

未来展望

作为全球领先的数字银行，微众银行将持续深耕金融科技，积极推动数字技术促进公平与可持续发展，助推高质量发展，不断提升对薄弱领域的金融服务能力和品质，让金融服务更有温度。

三、专家点评

微众银行立足“让金融普惠大众”的使命，聚焦于为残障人士和老年群体提供安全、便捷、有温度的普惠金融服务，对标可持续发展目标10“减少不平等”，助力我国金融服务弥合“数字鸿沟”，切实提升特殊客户群体在金融服务方面的获得感、幸福感、安全感，真正体现了“金融向善、金融为民”的理念。

微众银行在无障碍科技成果方面的积累和应用还可以进一步联动其他利益相关方，进一步推动残障人士金融消费权益保护、促进残障人士就业，不断探索数字普惠金融服务百姓的新功能和新价值，不断深化践行“金融向善、金融为民”的宗旨。建议微众银行在今后的业务拓展过程中，不仅重视业务的增长和拓展，还要发挥业务专业优势，联合利益相关方发起普及金融知识、提升民众金融素养、了解养老金融等方面的活动，在履行金融机构社会责任的过程中进一步实现自身业务的可持续发展。

——西交利物浦大学国际商学院副教授　曹瑄玮

（撰写人：郑茜鸣）

人人惠享

拜耳（中国）有限公司

深入社区，做你身边的健康护卫

一、基本情况

公司简介

拜耳是一家总部位于德国、具有160年历史的创新企业，在生命科学领域的健康与农业方面具有核心竞争力。在医疗健康方面，随着人类预期寿命的不断延长以及人口的持续增长，拜耳专注通过预防、诊断、缓解和治疗疾病方面的研发创新来改善人们的生活质量；同时，拜耳还凭借突破性创新引领农业的未来发展，帮助农户及消费者获得健康、安全、可负担的食物，并努力优化生产过程对社区、对环境友好，倡导绿色发展理念。在全球，拜耳品牌代表着可信、可靠及优质。

作为最早进入中国的跨国企业之一，拜耳（中国）有限公司（以下简称拜耳）已在中国走过了140年的历程。深耕多年，拜耳始终秉承可持续发展的理念，肩负企业社会责任，承载着“在中国、为中国”的初心，履行在华承诺，身体力行地支持国家政策，其企业愿景“共享健康，消除饥饿”也与“健康中国”“乡村振兴”“共同富裕”“碳中和”等国家的重要战略方向高度契合。凭借在医疗健康与农业科学领域的专长，拜耳在核心可持续发展领域实施着一系列重要举措和切实行动。

行动概要

为响应《“健康中国2030”规划纲要》倡导和国家“乡村振兴”

的政策号召，“拜耳健康中国行”项目自2020年开展以来，发挥自身在生命科学领域专长，通过深入社区的科普巡讲会、聚焦乡村的大学生支教活动、数字化传播平台、专家对贴近民众需求的健康话题解读、面向大学生开展的健康营养教育行动，同时通过全链条公益模式，联动多方资源构建完整可持续健康生态圈，提供满足民众科学健康知识需求的可行性解决方案，深入地将健康普及服务可持续地触达广泛受众，完成健康科普教育的落地，助力提升全民健康可及性。

二、案例主体内容

背景 / 问题

《“健康中国 2030”规划纲要》指出，健康是促进人的全面发展的必然要求，是经济社会发展的基础条件。实现国民健康长寿，是国家富强、民族振兴的重要标志，也是全国各族人民的共同愿望。工业化、城镇化、人口老龄化、疾病谱变化、生态环境及生活方式变化等，也给维护和促进健康带来一系列新的挑战。推进健康中国建设，是全面建成小康社会的重要基础，是全面提升中国公民健康素质、实现人民健康与经济社会协调发展的国家战略，是积极参与全球健康治理、履行《改变我们的世界——2030 年可持续发展议程》国际承诺的重大举措。助力可持续发展目标的达成，需要拜耳履行企业社会责任提供具有可行性的解决方案。

提升健康可及性，将健康普及服务可持续地触达广泛受众

《“健康中国 2030”规划纲要》提出，广泛开展健康社区等建设，加强健康教育，倡导健康文明生活方式，提高社会参与度和全民健康水平。从城市到乡村，从儿童、青年到老年群体，都是需要被关注、被触达、被普及和提供科学健康知识与健康服务的目标地域和受众。凭借自身专长，企业可以为助力可持续地提升大众健康可及性，触达更多受众做出自己的贡献。

精准定位，深入所需地域及群体，提供专业、科学的健康知识

健康是人类的刚性需求。大众越发关注健康话题，每个人都是自己健康的第一责任人，越来越多的人主动地关心并希望获得健康知识。致力于做到与群众生活相关、因地制宜地传递科学健康知识，拜耳凭借在生命科学领域的专长，广泛、深入、可持续地深入所需地域及群体，为其健康需求提供了专业的健康知识，发挥了企业自身的作用，提

升了公众的健康意识和健康素养，助力提高全民健康水平。

行动方案

针对所需地域及群体的健康需求，践行“共享健康，消除饥饿”的企业愿景，拜耳发挥自身在医疗健康领域的核心竞争力，启动了“拜耳健康中国行”项目。项目自2020年启动，在全国范围内开展公益健康科普讲座，充分发挥企业、媒体、政府、连锁药房、权威专家各自的专长，通过科普巡讲活动深入社区推动健康科普，为居民普及科学的健康知识，同时结合线下讲座及线上直播的方式，利用数字化技术，惠及更多听众，使更多的家庭受益，让健康触手可及。

健康中国行动·健康科普社区行

为了更好地开展健康科普教育活动，贴近民众健康需求，有效提升公众对常见疾病的认知和预防意识，该项目的科普巡讲活动围绕疾病预防和健康促进，邀请健康领域的专家，解读与大众息息相关的健康话题，包括心脑血管健康、母婴健康、合理膳食、女性健康、慢性病防治等，通过可视化、可互动的讲座形式进行健康科普，帮助大众建立科学、正确的疾病认知，倡导健康的生活方式。与此同时，科普巡讲活动在政府及相关协会、医药健康领域专家、连锁药房以及广大媒体的支持下，持续扩展活动覆盖面，最大限度地触达更多有健康需求的地域和群体，通过媒体平台的传播影响力，提升项目的触达范围以及健康科普教育的落地效果。

2022年，“拜耳健康中国行”延续项目理念，响应国家“乡村振兴”的政策号召，进一步拓展了健康教育的服务对象和覆盖范围，将健康科普从全国聚焦到乡村，将项目活动范围延伸至青年发展和乡村教育，支持优秀大学生走进乡村学校，开展健康营养教育行动，帮助乡村孩子培养健康的生活习惯、提升健康意识和健康营养水平，可持续地实现地域联动和年龄覆盖，真正做到惠及全民健康。并且在项目的持续推进过程中获得了以下三项关键突破：

创新型可复制和推广的公益模式

突破时空局限，有效地通过项目相关方的传播力和影响力，实现跨圈传播，在公益传播可持续推进的同时，实现将健康活动的落地实践在全国范围内复制和推广，真正达到从广度到深度的全方位项目触达力和影响力，让更多的人受益。

构建完整、可持续的健康生态圈

可持续的健康科普传播不再是单一主体的发声。作为企业一方，拜耳致力于联动政府、协会、连锁药房、专家、社区、媒体、青年平台等多方资源，共同构建健康生态圈，助力推进“健康中国”的建设。

精准定位的、针对性全方位触达成果

拜耳充分地将自身的核心优势应用于健康科普，自项目开展后，可持续地扩展延伸项目活动覆盖范围，通过对健康需求的精准定位及针对性响应，从一个公益性理念构建了一个发挥企业专长的可持续公益链条，在获得社会各方认可的同时，切实助力于推进可持续发展目标的达成。

多重价值

截至 2021 年 12 月 1 日，“拜耳健康中国行”项目已触达北京、上海、杭州、南京、广州、温州 6 大城市 22 个社区，共计开展 22 场科普巡讲会，获得了 1300 多篇媒体报道，线下观众超 1400 人，阅读量达 2000 万人次，覆盖人群达 1.5 亿人。2022 年，该项目延伸开展的大学生支教活动，仅在启动阶段就累计吸引了全国 47 所高校 127 支大学生

“拜耳健康中国行”大学生乡村支教行动

团队申报参与，最终从中优选支持 7 所高校的大学生团队开展项目，104 名大学生直接参与。项目累计发布 179 篇新闻稿，线上与线下聚焦 100 多万人关注。2022 年 7~8 月，7 所高校的大学生团队奔赴 8 所乡村学校、支教点开展健康支教行动，跨越全国 6 省份 8 个地区，累计进行 95 天，支教时长达 832 课时，共完成超过 21 课时“拜耳健康营养小课堂”，有 1126 名当地中小学生和 102 名当地教师受益。

“拜耳健康中国行”项目响应了政府“健康中国”“乡村振兴”的政策号召，构建了可持续性的、全链条式的公益模式：支持了政府及相关协会努力实现“健康中国 2030”目标；助力了医生宣传卫生健康知识，提供健康教育的责任；在通过药店传递健康科学知识与理念的同时，能够让消费者对药店放心；全面话题覆盖的健康科普讲座，真正满足了大众的健康需求，传递了更加专业、有用的健康知识，使更多的公众受益；聚焦媒体对健康领域的关注重点，提升了传播影响力。

对于企业来说，拜耳在践行企业社会责任、传递可持续发展理念的同时，能够通过发挥企业自身优势，推进健康科普教育，也更加巩固了企业的声誉，持续提升了拜耳公益品牌的社会影响力。

未来展望

自 2020 年“拜耳健康中国行”启动至 2022 年拜耳“健康向未来”的行动延伸，项目从携手专家走进社区开展科普讲座，普及科学健康知识，到联合中国高校优秀的大学生群体，关注偏远乡村孩子的健康和教育，用实际行动提高全民健康可及性。

根植中国 140 年来，拜耳“共享健康，消除饥饿”的企业愿景与当前国家的重要战略方向高度契合。未来，拜耳将持续依托自身在医药健康领域的核心竞争力，携手各方共同参与，持续开展“健康中国行”行动以触达更多人群，践行拜耳的可持续发展承诺和理念，全面助力和传递可持续发展的社会影响力，并将始终坚持履行在华承诺，为“健康中国”“乡村振兴”“共同富裕”等国家战略的实现做出贡献。同时，拜耳将努力实现 2030 年集团的可持续发展目标，促进人民健康与福祉，与中国共同实现繁荣、可持续发展。

三、专家点评

健康是人们享受美好生活的基石，健康是人生不可或缺的宝贵资源。这次活动的一个最大创新点是接地气，直接面向社区群众。通过一系列健康公益活动，能为社区的朋友们提升健康素养，贡献绵薄之力。

——中国健康促进与教育协会常务副会长兼秘书长　黄泽民

北京是落实健康中国行动的首善之区，理应走在前面。在今后的工作中，将借力“健康中国行动·健康科普社区行”活动，创新发展，取得更大成效。

——北京健康教育协会副会长　刘娜

建设“健康中国”，对政府主管部门、新闻媒体而言，任重道远，提升市民的健康素养显得尤为需要。建设健康上海系列活动将为市民送上健康知识的大餐，形成热爱健康、追求健康、促进健康的社会氛围。

——上海市健康促进委员会办公室副主任、上海市卫生健康委员会健康促进处处长　王彤

居民不健康的生活方式、超重肥胖以及慢性病患病率上升趋势是全世界面临的问题。随着人们生活水平的不断提高，使这一问题在中国更加严峻。为了早日能迎来慢性病患病率的拐点，在知识普及和健康促进方面，有很大的空间可以推动。

——全国公民健康教育特聘专家、北京天坛医院内科主任医师　刘玄重

心脑血管疾病是上海地区的常见病、多发病。建设健康上海，心脑血管疾病的控制是攻坚战，需要政府、医疗系统、企业、媒体，以及百姓共同努力，把房颤中心建设工作落实到社区，为降低卒中等并发症的发病率，提高房颤患者的生活质量共同努力。

——上海交通大学医学院附属新华医院　李毅刚教授

这次活动通过整合大学生资源进行项目的落地，意在传播更多营养健康类知识，让乡村学校了解并重视健康教育。通过大学生和拜耳青年导师的强强联合，不仅能让大学生自主完成有关营养健康的课件，也让授课内容更加专业。在项目实践期间，不仅大学生有很多的心得体会，也有很多感人的小故事让拜耳青年导师以及知行计划为之动容。在传播知识的同时，更多的是传递爱心，让每一位乡村孩子都能在接受良好教育的同时感受到社会的关爱。

——中国大学生知行促进计划秘书长　夏军

乡村振兴

国网浙江省电力有限公司平湖市供电公司

共建共享“微能源网”，解决农业现代化用能难题

一、基本情况

公司简介

国网浙江省电力有限公司平湖市供电公司（以下简称国网平湖市供电公司）成立于 1962 年，负责平湖地区（除滨海外）约 374 平方千米的供用电任务和配网调度、运行、检修管理，为平湖地区工农业生产、人民生活、市政建设等 26.32 万电力客户提供优质、可靠、经济的综合能源服务，同时肩负着为重要场所和重要活动安全供电的任务。2021 年，资产总额为 14.33 亿元，供电量为 33.92 亿千瓦·时，售电量为 33.01 亿千瓦·时；农村区域供电可靠率为 99.9890%，综合电压合格率为 99.8960%。

国网平湖市供电公司先后荣获全国“安康杯”竞赛优胜单位，全国模范职工之家、全国工会职工书屋示范点，国家电网公司“一流县级供电企业”，浙江省“文明单位”“平安单位”“卫生先进单位”，浙江省公司对标管理“领先单位”、电力系统行风建设和优质服务“十佳县供电局”，嘉兴市“文明行业”，国网嘉兴市供电公司精神文明建设先进单位等称号。

行动概要

在国家乡村振兴战略的引领下，我国农业现代化得到飞速发展。现代农业除数字化作物培育系统、可自动调节光照的大棚外，还有

很多不依靠自然光的植物工厂、培育研发中心、植物育种方舱，传统能源供应模式完全无法满足需求，农业成为全新的碳排放大户。

国网平湖市供电公司携手浙江首个农业经济技术开发区，会同各方构建了以“氢光储充”微能源网为主、以农村电网为支撑的“微能源网”，突破了企业间电力传输的政策和物理壁垒，将园区内的高能耗农业企业“化零为整”集中能源托管，通过数字化手段统一集中调配，用清洁电满足了园区企业 50% 以上的用能需求。并通过优化多种能源配置的方式，达成最佳的用能方案。

国网平湖市供电公司协助政府出台光伏发电鼓励政策，以用能数据为基础，开展现代农业碳效评级，让碳排放超标的农业企业主动购买排放指标，提高企业绿色转型积极性。同时，联合政府、农业企业组建阳光共富能源合作社，通过租赁园区内农户、农业企业的闲置屋顶集中安装光伏电站，不断加大清洁能源比重，调整能源结构。让农业回归“负碳”本色。

二、案例主体内容

背景 / 问题

平湖市广陈镇是浙江省“农业硅谷”，育种方舱、植物工厂在这里比比皆是。电能替代土壤，农民穿起工装，工厂化农业产值倍增，蒸蒸日上。然而在现代标准化的农业园区建设过程中，存在诸多用能难题，科技农业、设施农业、数字农业等高端农业发展面临阻碍，影响了当地城乡一体化统筹发展进程，具体问题如下：

能源供应“愁”

现代农业电能需求呈现 20~30 倍增长，且对供电可靠性要求很高，现有农村电网无法满足其用能需求。现代农业的发展多依赖能源供应，除数字化作物培育系统、可自动调节光照的大棚外，还有很多依靠灯光的植物工厂、培育研发中心、植物育种方舱等。相较于传统农业而言，现代农业能源消耗量呈几何式增长，传统能源供应模式无法满足其需求，部分地区甚至出现了多年未见的“项目等电”情况，先进的农业发展模式和相对落后的能源供给之间的矛盾日益突出。

企业经营“愁”

现代农业企业由于产业融合发展，用能为商业用电，电价高；植物工厂需要 24 小

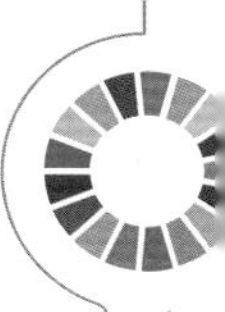

时不间断用电，能耗高，农业项目用能成本居高不下。2020 年，平湖市广陈镇成立了国际科技农业合作示范区，以色列、德国等国家的 48 个现代农业项目涌入，大功率设备的数量倍增。其中，某植物工厂项目由于作物培育完全依靠灯光、温控和各类复杂的电子设备，需要 24 小时运行，每月的电费高达 80 多万元。项目用能成本高一方面是用能需求剧增，另一方面是项目用电时多处于电力系统峰电价格区间，导致整体价格偏高。

低碳转型“愁”

随着大功率设备的不断引入，农业成为全新的碳排放大户，政府“双碳”治理面临巨大的挑战。仅依靠供电公司自身的力量，难以实现新农村多种业态发展的绿色低碳转型需求。“氢光储充”一体化智慧能源站建设项目虽然可以有效降低碳排放并为农业项目提供清洁能源，但对于单一企业或未形成规模效应的村集体而言，项目建设费用是一笔极大的开支，一些企业有用电需求却没有条件安装清洁能源发电设施。而且，部分由村集体出资的项目没有预留能源建设资金，最终只能由政府代为买单。

行动方案

国网平湖市供电公司管辖区域内新能源资源丰富。2021 年存量分布式光伏装机容量达 26 万千瓦，其装机和电量占比位列浙江省县级公司第二和第一，“十四五”时期预计新增 20 万千瓦光伏，此外 30 万嘉兴 2# 海上风电也并网平湖 220 千伏共建变电站。

以此为基础，国网平湖市供电公司立足于平湖市农开区统一规划建设和运营的 3 平方千米国际农业合作示范园，依托已建的源网荷储一体化管理系统，构建以大电网为主导、与国际农业合作示范园内微能源网相融并存的电网形态，在精准解决用电难题的同时实现多方合作共赢，创造经济、社会、环境综合价值。

整合多方清洁能源，“微能源网”实现集中调配

国网平湖市供电公司携手多个利益相关方，构建以氢光储充微能源网为主、以农村电网为支撑的“微能源网”，用清洁电满足园区企业 50% 以上的用能需求。

国网平湖市供电公司在广陈镇国际科技农业合作示范区共建浙江省首家低碳“微能源网”，将来自各方的氢能、光能、太阳能、风能等多种清洁能源，通过数字化手段集中调配，形成集中能源托管的低碳运营模式。

清洁能源的来源主要有以下几个方面：一是浙江东郁果业有限公司“负碳”植物工厂项目（707 千瓦光伏、900 千瓦 /1800 千瓦·时储能、240 千瓦充电桩和源网荷储能源

管理系统）；二是“氢光储充”一体化智慧能源站自身的氢能微型热电联供系统等产生的清洁能源；三是国网平湖市供电公司与政府合作，通过租赁农村闲置的集体土地和屋顶资源所收集的分布式太阳能资源。此外，一些企业没有消耗的自身清洁能源的发电量也将并入储能站，进行能源再分配。

国网平湖市供电公司以“微能源网”为依托，将园区内的高能耗农业企业“化零为整”，实现了清洁能源的就地互济和消纳，精准解决了各项目用能供给与需求不匹配的难题。

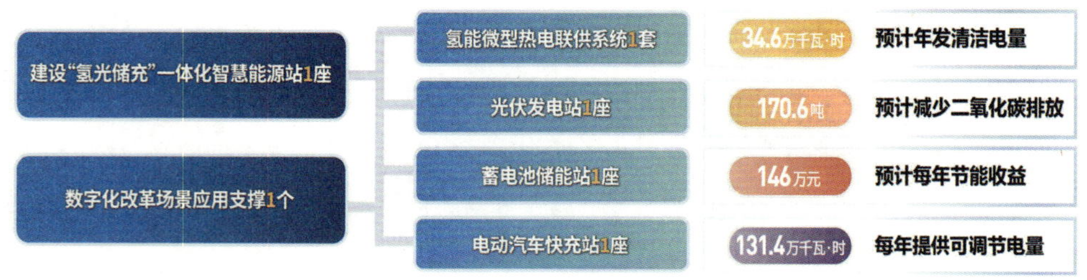

氢光储充新型能源站系统架构

“众筹经济”共建共享，创建全新商业模式

国网平湖市供电公司从新农业转型需求出发，发挥供电企业掌握农业企业用电特性的优势，联系开发区政府、村集体、负荷聚合商、新型农业企业等利益相关方，通过沟通确定了项目合作模式：

“氢光储充”一体化智慧能源站由各用能大户企业众筹建设，未来按照投资比例获得分红；“微能源网”由负荷聚合商出资，主导进行新型智慧能源站的建设与日常运维，供电公司负责园区企业的“化零为整”一体式便捷管理，村集体通过自愿投资方式建设分布式光伏发电项目来获取收益的分红回报，政府进行园区企业用能的一站式托管。

“微能源网”新商业模式的构建，既解决了能源项目建设投资过高和企业用能成本高的问题，又实现了负荷聚合商、供电公司、属地政府、村集体等各利益相关方的共赢。同时，政府机构和村集体等作为一般利益相关方，共同解决农业企业对能源共享和电力共富的认知和沟通问题，推动了项目顺利落地。

优化多种能源配置方式，达成最佳用能方案

“微能源网”的核心部分——“氢光储充”能源站，可以在电价低谷期利用储能装

置存储电能，供园区企业在用电高峰期使用，避免企业直接大规模使用高峰期的高价电，有效地解决了用电成本高的问题，从而达到经济最优、用能最省。

开展现代农业碳效评级，让农业回归"负碳"本色

国网平湖市供电公司协助政府出台光伏发电鼓励政策，并以用能数据为基础，开展现代农业碳效评级，让碳排放超标的农业企业主动购买排放指标，提高企业绿色转型的积极性。同时，联合政府、农业企业组建阳光共富能源合作社，通过租赁园区内农户、农业企业的闲置屋顶集中安装光伏电站，不断加大清洁能源的比重，调整能源结构。最终结合每年需要吸收 36 吨二氧化碳的"植物工厂"，让农业回归"负碳"本色。

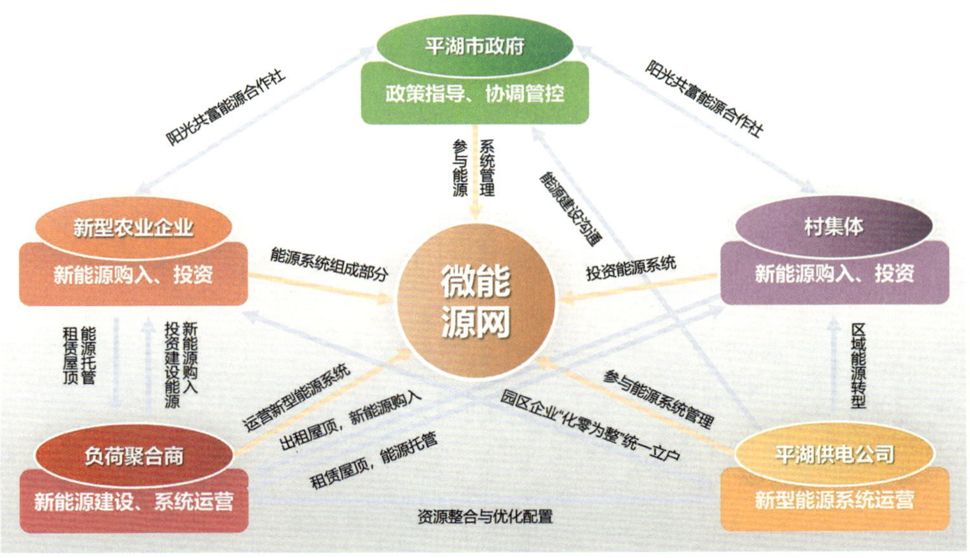

数字化农业"微能源网"新体系

多重价值

降低用能成本，减少碳排放

国网平湖市供电公司的微能源网方案每年可提供清洁能源 209.2 万千瓦·时，相当于实现减碳 1031.4 吨，附加充电桩收益分红，预计农业企业每年可节约用能成本 146 万元，实现企业成本和碳排放的"双降低"。

多渠道共同富裕，提升生产生活环境

当地村集体通过自愿投资方式参与建设分布式光伏项目，村民可以获得相应的发电补贴；农民还可以到附近植物工厂上班，收入可观而且稳定。国网平湖市供电公司还通过清洁化改造村庄路灯、景观灯等配套设施，加大电动汽车充电桩的建设，提升农村生产和生活质量。

扩大收益，降低风险

对于国网平湖市供电公司而言，企业集中托管将大大提升用户设备的运行可靠性，“微能源网”的相对独立也能够隔离故障。此外，通过灵活的削峰填谷，降低了电网运行峰值负荷，节约农村电网增容改造成本近千万元。

未来展望

联合国 2030 年可持续发展目标中的前两个就是打造无贫穷、零饥饿的世界，而中国的乡村振兴，将这个目标推向了更高的阶段。国网平湖市供电公司助力乡村振兴，力求建设一个低碳甚至负碳的农业园，符合可持续发展理念和目标所倡导的理念。未来，国网平湖市供电公司将继续协同多利益相关方进行合作，深化打造平湖农业开发区“共富共享”负碳农业新型电力系统 2.0 版本，把扩大规模效益和提升示范效应作为未来的工作重点，

数字化农业“微能源网”智慧调度平台

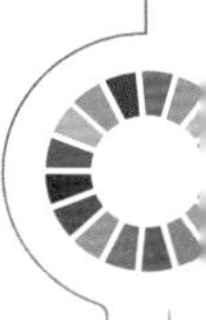

不仅是平湖市低碳能源示范县和共同富裕示范县的样板示范工程，也为浙江省乃至全国在农业系统的“双碳”建设工作提供了借鉴。

外部评价

浙江省发展和改革委员会相关领导：“该项目先行先试新型电力系统赋能国家级农业产业园数字化转型，对当前浙江高质量发展建设共同富裕示范区具有积极的意义。”

平湖农开区党工委副书记、园区常务副主任许建军：“供电公司的新模式使农开区内的新农业园能共享清洁能源发出的电，享受氢能、光伏、储能、充电桩建设红利，既满足了企业用能需求，又降低了用电投资成本，为我们推动传统农业加速升级提供了强劲动力。”

浙江东郁广陈果业有限公司董事长谈立宇：“农业生产完全由清洁能源来供能，我相信这是首例，这对于回答城市如何发展农业这个命题，具有很大的示范意义。供电公司的能源系统方案，对于我们来说是‘梦寐以求’的。”

相关做法登上新华社、中央电视台、《中国能源报》、《经济日报》、《浙江日报》等主流媒体，获得了社会各界的广泛好评。

三、专家点评

国网平湖市供电公司以共建、共享“微能源网”新模式，破解“农业硅谷”新农业园能源供应、低碳转型之“愁”，用“氢光储充”清洁电满足园区企业 50% 以上的用能需求，达到经济最优、用能最省，让农业回归“负碳”本色，多渠道推动共同富裕，提升生产生活环境，为农业现代化打造了“平湖样板”。

——金蜜蜂智库创始人、首席专家 殷格非

（撰写人：陈望达 吕一凡 万家建 朱萧轶 钱奕童）

乡村振兴

国网江苏省电力有限公司南京市高淳区供电分公司

让传统河蟹养殖有“数”可循

可持续发展目标

一、基本情况

公司简介

国网江苏省电力有限公司南京市高淳区供电分公司（以下简称国网南京市高淳区供电公司）是国网南京供电公司下辖区级供电企业，负责为全区 30 万余户电力客户提供安全、经济、清洁、可持续的能源供应服务。高淳电网目前已形成了 220 千伏双环网、110（35）千伏辐射互联、10 千伏配网“手拉手”的坚强网架结构。国网南京市高淳区供电公司紧扣国家电网“一体四翼”发展布局，推动村镇级新型电力系统建设，服务“双碳”目标实现。

近年来，国网南京市高淳区供电公司在各项工作中争先、领先、率先，取得了丰硕的成果，荣获 2019 年度、2022 年度全国市场质量信用 A 等用户满意企业（AA 用户满意级）；2019~2022 年连续四年获得高淳区作风建设与营商环境评议行业组第一；荣获江苏省文化科技卫生“三下乡”先进集体称号。国网南京市高淳区供电公司共产党员服务队获评“江苏省学雷锋活动示范点”。

国网南京市高淳区供电公司坚持以习近平新时代中国特色社会主义思想为指导，紧密围绕“双碳”目标，全面落实上级公司和高淳区委、区政府决策部署，坚持稳中求进，强化战略引领，努力在具有中国特色国际领先的能源互联网企业建设中敢于担当、勇争第一，为中国式现代化高淳新实践再作贡献、再添精彩。

行动概要

传统河蟹养殖行业存在“蟹农巡塘苦、突发状况多、技能提升难”的三大突出难题，加之养殖从经验化走向智慧化、信息化、科学化的要求十分迫切，亟须以技术创新推动传统河蟹养殖产业智能升级，全面提升高淳区水产产业的核心竞争力。国网南京市高淳区供电公司积极响应国家乡村振兴战略，努力满足乡村用能对能源互联网加快落地的需要，积极携手高淳区政府部门、养殖户、设备供应商等各利益相关方共同探索推动了河蟹养殖经验数字化转型，以数字化赋能助推高淳圩区产业发展，在破解传统河蟹养殖行业存在的“蟹农巡塘苦、突发状况多、技能提升难”三大难题的同时，通过数据赋能传统河蟹养殖产业，让经验化的河蟹养殖真正实现了有“数”可循，开辟了高淳河蟹养殖产业的特色振兴之路，切实助力了高淳地区经济发展和乡村振兴。

二、案例主体内容

背景 / 问题

民族要振兴，乡村必振兴。习近平总书记在 2022 年中央农村工作会议上强调，产业振兴是乡村振兴的重中之重，这深刻指明了新征程抓好产业振兴的战略性和重要性。河蟹养殖产业是南京市高淳区的第一大主导产业、重要支柱产业和特色富民产业。2022 年，高淳区螃蟹生态养殖面积稳定在 20 万亩以上，从事与螃蟹相关产业的农户有 10 万多户。面对日趋激烈的市场竞争，以规模化养殖来提升河蟹品质，扩大销量，助力蟹农走上富裕路，“数字化”的养殖方式势在必行。

通过微信沟通、走访调研、问卷调研等多样化的形式，国网南京市高淳区供电公司精准识别传统河蟹养殖工作中存在的三大难题：

蟹农巡塘苦。养蟹是一场漫长而艰难的“战役”，工作烦琐且累人。一是养蟹对水质的要求较高，蟹农需要经常关

传统河蟹养殖蟹农巡塘苦

注水质情况，传统上蟹农观察水质变化更多依靠个体的经验积累，需要投入大量的时间和精力。二是对日常各种设备的操作，包括投喂饲料、根据情况随时给水塘增氧等，往往需要蟹农经常性地往返于蟹塘进行作业。蟹农每天需巡塘 4~5 次，消耗时间 7~8 小时，一天巡塘需步行 3 万步，有时甚至需要工作至凌晨三四点。一般每户蟹农最多承包蟹塘 80 亩，艰苦的巡塘工作也制约了蟹农获得更高的收益。

突发状况多。在传统河蟹养殖过程中，蟹农要时刻关注天气变化、养蟹设备及电力使用等情况，进行人工启动设备、投喂饲料等操作。如遇高温或黄梅天气，增氧机需要 24 小时运行，一旦设备故障或停电没有及时发现，就会造成螃蟹缺氧，超过 3 小时就会导致螃蟹大量死亡，使蟹农血本无归。

传统河蟹养殖突发状况多

技术提升难。养蟹最重要的是技术，现代农业科技发展日新月异，河蟹养殖技术也在快速发展。但在小农经济下，蟹农还主要凭借个人经验判断水中含氧量、温度等数据，可能会因个人判断失准影响螃蟹生长，或是在非必要时开启设备而浪费用电。河蟹养殖技术快速发展迭代，蟹农需要紧跟科技步伐，但蟹农还缺乏稳定的、随时可获取的技术提升渠道。

行动方案

国网南京市高淳区供电公司秉持“智农、惠农、富农”理念，从传统河蟹养殖存在的“蟹农巡塘苦、突发状况多、技能提升难”三大难题出发，依托自身专业优势，发挥各相关方资源，为传统河蟹养殖插上“科技翅膀”，从三个方面推动了“会”养殖向“慧”养殖的创新转变。

凝聚合力，优化巡塘作业环境

引入利益相关方识别、利益相关方参与等社会责任核心管理工具，全面识别并对接高淳区农业农村局、青松水产合作联社、国家现代农业产业园、养殖户等各利益相关方，确定各方诉求与优势资源，高淳区供电公司搭建多方合作平台，推动河蟹养殖规模化发展。选定全国农民合作社示范社、在业内极具代表性的青松合作社进行试点，推进标准化蟹塘改造。在高淳区政府、区农业农村局的支持下，国网南京市高淳区供电公司加强与高淳区国家现代农业产业园的合作，共同签订了“开门接电”示范区战略合作协议，增设电力线路 76 公里、架设了电杆 1300 多基，塘口道路、看管用房及电力设备等基础设施更加完备，大大改善了蟹农巡塘作业环境。规模化养殖，让蟹农工作化苦为甜。

聚焦问题，建设数智化管理系统

立足“蟹农巡塘苦、突发状况多、技能提升难”三大难题，围绕“互联网 + 电力、生产、

高淳区河蟹规模化养殖

经营、管理、服务”的建设目标，综合运用物联网、现代通信、云计算、大数据、人工智能、互联网、移动互联网等先进技术，国网南京市高淳区供电公司开发出了“智慧电力 + 数字农业”智能养殖管理系统，打造“慧养殖”微信小程序和“126”智能系统管理平台，引导高淳青松水产养殖优秀经验数字化推广，助力河蟹养殖增长跑出“加速度”。

开发“慧养殖”微信小程序。置入数据采集、设备控制、阈值报警、定时任务、远程监控和视频学习 6 大功能，实现了远程增氧、智能投喂、自动抽水等功能。

打造“126”智能系统管理平台。包含可视化物联网监控中心（1 个中心）、智慧水产养殖平台和大数据分析决策平台（2 个平台）和数据在线监测系统、设备智能控制系统、阈值联动报警系统、电力系统异常报警系统、信息管理系统、视频远程监控和安防系统（6 个子系统），系统实现电网、智慧水产养殖的智能监测、分析和决策控制，推动电力服务向终端延伸，服务青松水产等河蟹养殖企业提质增效，助推养殖产业转型升级。

截至 2022 年 9 月，已有 500 亩蟹塘应用了该技术，用户共精准接受 116 次养殖设备故障信息，及时处理避免了可能的损失。“智慧电力 + 数字农业”智能养殖管理系统的建成，实现了“电力流、信息流、业务流”的高度一体化融合，打造了坚强可靠、经济高效、清洁环保、透明开放的智慧电力大数据平台，推动螃蟹养殖产业提质增效的同时，推动电力产业的转型升级。数字化平台，让螃蟹养殖化繁为简。

开发应用，普及先进养殖技术

“慧养殖”微信小程序设置视频学习功能，编制上传《“慧养殖”微信小程序 V1.0 使用说明书》和《“慧养殖”微信小程序使用录频》，供养殖户快速学习如何使用“慧养殖”微信小程序。随时更新河蟹养殖技术说明，蟹农可通过动画、操作视频，在线学习最新的河蟹养殖方法和设备的操作流程。灵活化学习，让技术提升化难为易。

多重价值

服务蟹农增产增收，传统养殖智慧化

采用物联网、云计算、大数据等信息技术，实现河蟹养殖全流程数字化管理，依托气象环境、水文水质、电力用能等数据，实现了传统养殖走向精准投喂、智能增氧、水位控制等智能化的新时代。规模化养殖、智慧化管理，大幅提升了螃蟹亩均收益。以一个 20 亩的塘口计算，平均每亩蟹塘净增收 35%，每年增收 3 万 ~4 万元。凭借精准的故障定位，提升人力巡视效率 50%，平均节省电费约 20%，有效地降低了人工投入和

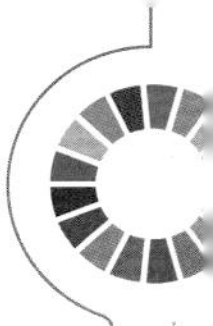

经济成本投入。2022 年持续高温天气，试点塘口及时将蟹塘含氧量、水质、水温等数据反馈给蟹农，有效避免了蟹农损失，产量不降反增。

服务电网提质增效，优质服务再提升

通过圩区配网智能化改造，实现了自动化终端、智能配变终端、低压感知单元等数据融合，基于历史抢修工单数据、台片实时监测，精准指导了区域设备改造升级。智能河蟹养殖管理系统的落地，实现了电力设备故障信息的主动监测，当电力系统出现异常时可实现即时报警，有效缩短了电力故障查找时间，圩区电网设备运维费用因此每年减少 40%，大大减少了电网运维人力、物力投入，实现了提质增效。

服务产品质量更优，品牌效应扩大化

将试点成果在园区 15 万亩蟹塘推广，未来蟹农承包面积可扩大 4 倍以上，规模化养殖、智慧化管理提升了高淳螃蟹的品质。青松螃蟹获得“中国驰名商标”等多个“全国第一”品牌，被认定为国家地理标志保护产品，逐步建立起全国销售网络，成为高淳一张亮丽的名片。

服务政府推进节能减排，乡村振兴再提速

通过新技术试点应用，加强区域环境、气候各类数据收集与对比分析，大力探索新能源应用和推广，形成了可推广的技术减排经验。通过区域企业、居民用电量分析对比，掌握地区产业发展态势，适时调整产业发展方向，助力乡村振兴。

外部评价

“智慧电力 + 数字农业”智能管理系统建设受到新华社、学习强国等主流媒体报道，获得了社会各界的广泛认可：

高淳区区委书记刘伟说：“南京市高淳区供电公司在电力保供、服务重大项目建设、助力乡村振兴等方面作出了突出贡献。”

青松水产合作社负责人、全国人大代表邢青松说：“南京市高淳区供电公司新建和改造螃蟹养殖区的电力线路，打造圩区智能微电网，实现了蟹塘用电‘户户通’、养殖用电全覆盖。有了安全可靠的供电，螃蟹能充分‘吸氧’，亩产量大大提高了！”

河蟹养殖户沈利雨说：“以前什么时候抽水、增氧全凭经验，现在有了‘慧养殖’，能自动开启设备，不仅使用方便还能节约电费。”

未来展望

传统河蟹养殖的数智化转型，加快了农村地区用能清洁转变，打造与现代农业、乡村产业相融合的新型乡村电网，让电力成为乡村振兴的引擎。未来，国网南京市高淳区供电公司将重点攻克科技、人才等难点，推广科技化养殖模式，最终实现南京全域 28 万亩蟹塘 100% 覆盖，持续助力水产养殖户增收致富。同时，我们也将努力推进优秀经验向渔业、农业种植等其他行业延伸，为全力打造新时代鱼米之乡江苏样板做表率，为推进乡村振兴战略奉献力量。

三、专家点评

国网南京市高淳区供电公司联合各利益相关方打造数字化、智能化河蟹养殖模式，切实解决了蟹农巡塘苦、突发状况多、技能提升难三大症结，有效带动河蟹养殖增产增收，形成了助力地方经济发展和乡村振兴的“高淳样板”。

——责扬天下总裁　陈伟征

（撰写人：殷鸣　杨瑾　胡靖　高沁　马汉媛）

乡村振兴

国网北京市电力公司房山供电公司

创新乡村用能转型，打造乡村振兴“绿色引擎”

一、基本情况

公司简介

国网北京市电力公司房山供电公司成立于 1962 年，位于房山区拱辰街道。业务范围涉及电网规划、建设、运行管理和客户服务等，公司供电面积 2019 平方公里，服务客户 61.7 万户。2023 年，房山供电公司聚焦“六大房山”发展建设目标，助力打造“1+3+N”重点功能发展格局，持续改善民生用电，保障城市安全运行，提升获得电力指数。通过不断完善电力基础设施建设，加快绿电进京和绿电消纳，推动清洁能源的低碳转型，构建安全可靠、清洁高效的电力保障体系。

行动概要

国网北京房山供电公司为巩固“煤改电”成果，深入分析房山区青龙湖镇“北京最美乡村”水峪村用能现状，依托党建联合共建，引入中国气象局、国网北京市电力公司电力科学研究院、光伏板厂家、客栈运营商、政府、媒体等各类机构，形成“1+N+1”合作方式，共同推进光伏安装、民宿全电厨房和“新能源”客栈建设，探索低碳型乡村家庭用能和商业用能模式，将水峪村案例作为抓手，形成“光伏板（瓦）+ 乡村充电桩 + 全电厨房改造 +‘新能源’民宿建设”乡村清洁能源系统的模式推广至全区，让乡村企业和农户家庭充分感知清洁能源的优势和价值，营造清洁用能氛围，多措并举共同推动乡村用能转型，促进乡村可持续发展。

二、案例主体内容

背景 / 问题

近年来，许多乡村在住房、道路、水电等生活领域的硬件设施建设得到了显著改善，但是在清洁低碳用能方面还有较大的提升空间。以 2011~2012 年度被评为“北京最美的乡村” 的水峪村为例，水峪村位于北京房山区，属于浅山区村落，燃气管道进入成本过高，“煤改电”之前，村民用能主要为木柴、秸秆、散煤，虽然已于 2017 年底全部完成“煤改电”，但据相关统计，北京“煤改电”家庭户均年取暖支出约增加了 1600 元，电力使用成本高、新型用能方式适应性低为水峪村散煤“复燃”埋下了隐患，房山区其他完成“煤改电”的村庄也面临同样的问题。

行动方案

基于各有所在、各有所求、各有所能、各有所用、各得其所的五个“各有”创新思路，房山供电公司坚持特色导向、问题导向，按需规划，从“1+N+1”利益相关方管理机制引入协调各类相关方社会资源，步步引导推动项目实施落地，从试点村庄水峪村开始，因地制宜地利用各地的资源禀赋，逐步向周围村庄示范推广，促进乡村用能转型、环境减排、生活品质提升以及为其他利益相关方创造价值。

深入调研，分析以水峪村为代表的房山区农村用能现状

房山供电公司通过走访入户，持续了解水峪村及五个随机抽选的房山区乡村的用能现状和诉求：一是经济方面，“煤改电”完成后，新能源发展虽短暂打破了农村传统的用能方式，但村民能源支出费用占总消费的比重增大，对一些新型的用能方式，如全电厨房、“新能源”建筑尚不了解，对一次性投入较大的用能方式无法完全接受，成本—效益无法有效对冲，使农民能源消费承受能力不高，易导致能源转型后劲不足，引发“返煤”等现象，支持度有待提高。二是适应性方面，虽然各村拥有丰富的土地资源，具有发展风电、光伏发电等清洁能源的优势条件，但目前绝大多数乡村新能源装机容量不足，可再生能源利用率不高；农村居民分布分散，统一供能难度较大，未形成多能互补的能源供应模式，导致能源综合利用效率较低。

基于房山供电公司在“煤改电”工作中掌握的各村区域位置、地形地貌、光照条件、产业发展、交通等自然地理环境的差异化，公司紧紧围绕用能效率提高、供能可靠性提高及农民用能成本降低、碳排放降低和其他污染物排放降低的“两高三低”目标，因地制宜构建了《房山区乡村清洁用能识别一览表》，覆盖农业生产、乡村产业、农村生活、供电服务四个领域。通过打造农村综合能源系统的典型应用场景、可普及的利用方式，逐步推广“纵向源网荷储协调，横向多能互补”的综合供能模式。

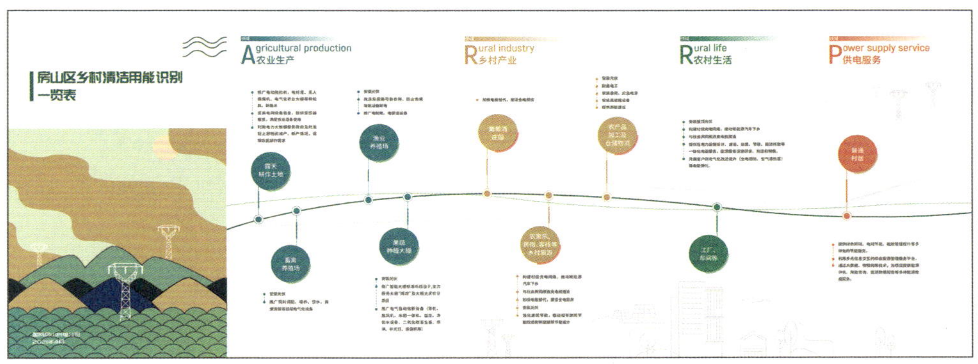

《房山区乡村清洁用能识别一览表》设计折页

探寻伙伴，发挥各类组织机构优势实现合作共赢

房山供电公司推广在农村用能转型中应用的“1+N+1”众筹机制，持续拓展在乡村用能方面具有专业优势的多家机构加入结对共建平台。以供电公司的“1”为主体，以水峪村及其他村庄的“1”为客体，协同中国气象局、光伏板厂家、建筑企业、国网北京市电力公司电力科学研究院、国网北京综合能源服务有限公司、政府、媒体，以及后来加入的客栈运营商这些“N”的力量，在充分了解各类社会资源特点后，协

房山供电公司营销服务人员到改造后的民宿检查用电情况

调策划具体合作项目，发挥各类组织机构的资源优势，共同参与乡村用能转型，推进乡村清洁低碳用能，传播绿色低碳知识，提升各方价值创造能力。努力探索形成以电为主的农村清洁能源体系建设的多元投资机制，促进政府以财政补贴等方式鼓励社会资本加入农村清洁能源体系建设。

光伏瓦

一是联合政府、光伏板厂家拓宽供能模式。在水峪村，通过与中国气象局公共气象服务中心风能太阳能中心党委工作人员沟通，房山供电公司了解到水峪村在地理环境和光照条件都非常适合安装光伏发电板。房山供电公司积极落实国家电网公司光伏扶贫政策，与当地政府部门、水峪村村委签订了帮扶协议，通过政府出资引进光伏板厂家，由光伏板厂家负责安装和后期运维，共同推进光伏改造，经过试点推广，255 户村民全部安装了光伏板。光伏板的安装不仅让村民自家用电不用交钱，余电还能并入电网赚钱，促进村民增收，加快了村民“煤改电”进程，为开展全电厨房建设打下了基础。

二是联合厨具制造商及服务商，共建乡村全电厨房。随着乡村旅游的发展，水峪村多家村民开始经营民宿。以水峪村为试点，一方面，房山供电公司综合考量民宿的特点，主动寻找有意愿支持乡村电厨房建设的知名厨具制造商，争取优惠价格，共同将水峪村民宿使用的传统电磁灶改成陶晶凹灶，并按照古村民宿特点专门设计了一体式洗碗机、一体式烤箱和整体橱柜。另一方面，乡村用能转型逐步向助力经济发展稳步推进。在民宿全电厨房的影响下，北京紫雾采邑酒庄主动与房山供电公司联系并签订合作协议，为其提供全电厨房安装服务，完成 800 大锅灶、双头双尾小炒灶、单头矮汤炉、12 盘电热蒸饭柜、三门电热海鲜蒸柜、双缸双筛电热油炸炉、高温消毒柜等的供应和安装。智能电厨房从民宿建设实际应用到农村用户，目前，电厨房已在水峪村全面推广，并延伸到 2 个村，并向门头沟、顺义等地区推广复制方案。随着逐步推广应用，一方面使舒适、

水峪村民宿改造后的电厨房

智能、便捷的民宿成为当地吸引游客的一大亮点，另一方面也让更多的村民意识到了电能带来的便捷、安全和清洁，为在全村推广全电厨房奠定了基础。

三是联合相关民宿运营商，打造“新能源”民宿。房山供电公司积极与民宿运营商合作，在民宿游发展的基础上，建设全新的“新能源”民宿，并引入光伏瓦设计理念。首先，通过与中国气象局、北京建工集团等机构合作，由中国气象局公共气象服务中心风能太阳能中心将水峪村作为气象监测试验点，与北京建工集团共同研究分析水峪村开展“新能源”住宅的可行性；其次，联合能源公司、电力科学研究院等开展设计测算，对民宿进行建筑方案及“新能源”整体设计；最后，不断探索与民宿运营商、水峪村等乡村探索商业合作模式：房山供电公司（综合能源公司、电科院及设计公司）负责能源相关的设计、实施并提供综合能源服务，隐居乡里负责运营。水峪村“新能源”民宿计划于 2023 年投入使用，目前覆盖崭新光伏瓦的新能源民宿已经建成。为推动民宿周边旅游业的发展，供电公司还在民宿村建成了多组公共充电桩。

四是赋能美丽乡村，推进“公共充电桩”基础设施建设。房山供电公司积极推进美丽农村公共充电桩的建设，优先安排充电设施配套电网建设，加快农村电网改造升级，拓展公共充电设施建设的范围，延伸至农村区域，为新能源车主乡村自驾游提供便利。2021 年，公司改造 20 个通往美丽乡村的高速路旁电动汽车充电站建设，建成后，需要充电的市民通过微信扫码即可充电并完成结算，非常便捷。2022 年，对区域内的充电桩进行了升级改造、模块升级，极大地保障了充电效率，按需进行整合，科学分配到各个地区。优先考虑乡村旅游，合理规划充电桩，打消了新能源车主对乡村游中充电问题的担忧。

对外传播，充分营造乡村清洁用能氛围

为持续提升房山区乡村用能转型典型做法的推广度，房山供电公司采用多元传播方式。

一是利用传统媒体扩大试点村的影响力传播。房山供电公司不但将服务水峪村用能转型的做法在电力行业进行传播，还依托结对共建平台，将新华通讯社北京分社采编党支部、《农民日报》第五党支部以及《北京晚报》社区新闻党支部引入合作管理机制，在为主要媒体进行实地采风提供场所的同时，扩大了水峪村等乡村清洁低碳用能转型经验的对外传播。

民宿

二是利用新媒体进行传播推广。通过邀请慢生活类综艺节目团队录制节目，或旅游博主及其团队、小红书网红等到用能转型乡村拍摄视频，并在抖音、小红书、大众点评等平台发布，展现乡村景色，以及干净、清爽、明亮的民宿全电厨房、“新能源”民宿，为广大网友创造了一个美丽的乡村休闲、美食、美景画面，吸引了更多人到乡村旅游度假，从而有效提升了乡村民宿、民宿及普通村民的全电厨房改造意愿。

多重价值

促进乡村清洁用能，提升环境效益

“光伏板（瓦）+ 乡村充电桩 + 全电厨房改造 + ‘新能源’民宿建设”乡村清洁能源

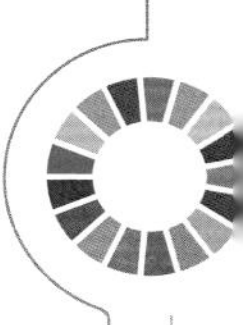

系统的推广，使全电概念在水峪村及以外更多的乡村得到全面认可和普及，清洁用能乡村用电量不断提升，清洁用能不断成为主流。清洁用能的增加，让乡村逐渐少了煤烟的笼罩，空气变得越来越清新，助力乡村“双碳”目标实现。按照每年每户发电6000千瓦·时计算，每年每户可节约2吨左右的煤炭，减排5吨左右的二氧化碳。

促进村民生活改善，提升社会效益

“1+N+1”合作机制，让参与其中的“N”力量各有所得。例如，光伏板厂家除通过为村民家提供光伏运维服务获得收入外，还可通过为“新能源”民宿提供光伏板获得一部分收入；随着旅游博主在抖音、快手等的传播，乡村游客数量增加，民宿、民宿运营商、电厨具厂商等曝光度和名气得到提升。以“新能源”民宿为例，2022年，以每间客房每晚1500元的价格考虑，旅游旺季（7~9月）每周3~4天，10间客房和餐饮的收入可达60万元。

促进村民生活改善，提升社会效益

水峪村通过装设光伏设备，户均光伏发电装机容量约4.77千瓦，预计年发电量约5869.75千瓦·时，年户均增收约6500元，扣除自身用电和取暖费用，均仍有剩余。此外，村民发展民宿、在民宿打工等都可以获得一部分收入，足不出户就可赚钱，解决了找工作的难题，改善村民生活，有利于提升使用清洁能源的意愿，促进乡村用能结构持续优化和生态环境改善，加快农业农村现代化步伐，助力房山区早日实现乡村振兴。

三、专家点评

国网北京房山供电公司充分了解地方用电需求，围绕“煤改电”、光伏建设、民宿旅游等工程项目，大力推进乡村振兴建设，在改善村庄环境的同时促进了村民增收，切实让地方百姓在电能替代改革中得到了实惠。

——金蜜蜂智库创始人、首席专家 殷格非

（撰写人：张颖 刘新颖 李果雪 李成 康福填）

优质教育

完美世界控股集团

做有根的乡村教育

一、基本情况

公司简介

完美世界控股集团是全球领先的文化娱乐产业集团，拥有 A 股上市公司完美世界股份有限公司。旗下产品遍布美、欧、亚等全球 100 多个国家和地区；在北京、香港、上海、重庆、成都、海南、武汉、杭州等地皆设有分支机构，在欧美、日韩、东南亚等国家和地区设有多个海外分支机构。目前，集团涵盖影视、游戏、电竞、院线、动画、教育、全知识、万词王等业务板块。

自成立以来，完美世界控股集团始终致力于推动自身业务与社会发展结合，主要从关注社会、积极履责，以人为本、提升价值、科技为先、数实融合等方面着手推动企业可持续发展，在践行企业社会责任、实现企业社会价值上开展重要尝试。

行动概要

作为乡村教育的支持者，完美世界控股集团积极响应国家乡村振兴战略，多年来持续深耕云南山区，从早期简单的物资捐助，逐渐构建起包括青年教师工作坊、精准资助特困学生、持续推行“成长奖学金”、公益支教精准帮扶等多维度的教育帮扶体系，促进山区学生获得平等教育机会，持续推动乡村教育发展。

二、案例主体内容

背景 / 问题

云南省红河州是坡多山高谷深的典型山区地貌，同时也造就了金平县“十里不同天”的立体型气候。全州超过 80% 的人口是苗族、瑶族、傣族和哈尼族等少数民族。由于地理、历史等各方面的因素，这里虽紧邻口岸，却因空间上的阻隔，使当地基本没有发展与口岸贸易衔接的经济产业形态。落后的经济发展现状、复杂的山区地理环境，间接导致当地教学基础设施薄弱、师资力量单薄等问题。同时，过早地外出务工，也是年龄较大的孩子没有接受进一步教育的原因之一。

行动方案

完美世界控股集团以教育帮扶为方向，通过开展教师培训、志愿者支教、奖学金资助等方式，帮助云南山区的学生获得良好教育的机会，有效提高偏远地区的教育水平。经过不断探索，形成了独具特色的含“青年教学工作坊、精准资助特困学生、持续推行‘成长奖学金’、公益支教精准帮扶”四个维度的公益帮扶体系。

云南教育公益体系

教师培训推进人才建设

完美世界控股集团于 2018 年开始探索“完美教学工作坊”公益项目，通过与名校名师合作构建互动平台，将先进的教学理念、教学方法向山区教师进行传授，以此提高云南山区教师的教学能力，助力云南偏远地区的学校保留更好的师资力量。

到目前为止，完美世界控股集团已举办三届“完美教学工作坊”活动。在活动过程中，邀请来自全国各地的优秀培训师，对来自云南红河州金平县八一中学、金平中学、沙依坡中学、沙依坡小学、渡口小学等学校的教师进行专项培训，并针对性地加入了关于自然教育、教学设计、创意教学、健康教育等前沿的教育理念及方法，帮助

完美世界员工公益基金教学工作坊

乡村教师打破固有思维，在教学方法上勇于尝试和突破，把先进的教学理念带向乡村，助力乡村振兴。

公益支教开阔学生视野

“心系山区教育　呵护童年梦想”是完美世界员工公益基金自 2015 年启动的员工公益支教项目，通过内部招募在美术、科学、心理引导等领域具有突出才能的员工，组成志愿者分队，前往云南山区开展为期一周的支教活动，帮助山区的孩子们开阔眼界、扩展思维。

2021 年，在公益支教活动中，首次增设“法律小知识进校园＋心理辅导与团体沙龙”等专项活动，从身心安全与健康角度重构公益内容，助力正处于心智成长关键期的山区

云南支教公益行

“有爱才完美——线上阅读营”活动

孩子提升自我保护意识，同时也为山区教师提供精力管理、减压、危机干预等积极心理学工具支持。

此外，为培养乡村学生对阅读的兴趣，让孩子们知晓读书的魅力，从而发自内心地爱上阅读，2022~2023 年，完美世界员工公益基金携手员工读书俱乐部，针对云南省沙依坡乡中心小学阅读社团，开展“有爱才完美——线上阅读营”活动，通过招募公司内部读书俱乐部的员工作为阅读讲师，以讲师与学生线上共读一本书的模式，带领他们读到、读懂、读透一本本好书，架起孩子们看世界的桥梁，以阅读助力乡村教育振兴。

公益义卖推进成长

为帮助云南偏远山区的优秀学生继续上学，完美世界员工公益基金于 2018 年设立了“成长奖学金”，通过与云南山区的持续沟通，深入了解当地学生的家庭及学习情况，对资助对象进行长期跟踪、帮扶。借助公司内部开展的公益跳蚤市场、募捐等活动筹集善款，并将所得善款全部用于资助云南山区成绩优异、具有上进心的学生，助力他们摆脱物质困扰，勇于追逐梦想。

第五届完美世界员工公益跳蚤市场现场

2022 年 7 月，第五届完美世界员工公益跳蚤市场成功开市，独具匠心的手工制品、时尚感爆棚的 T 恤、爆款游戏珍藏手办等物品被整齐地摆放在一个个摊位前，吸引了上千名员工参与活动。此次活动共筹集了 9 万余元善款，这些款项将全部用于“成长奖学金”项目。自 2018 年“成长奖学金”成立以来，已有 50 个品学兼优的学生获此奖学金。

公益募捐改善物质水平

沙依坡乡中心小学坐落在云南省红河州金平县群山中的一个山顶上，从山脚到山上需要盘山经过几十个弯道。因交通条件的限制，当地的经济发展属于落后水平。在了解到当地的一些困难后，完美世界控股集团通过完美世界员工公益基金每年开展春季、冬季两次的员工公益募捐，为远在山区的孩子提供一些书本、文具、衣物等。从 2015 年起，来自北京、成都、深圳等全国各地的完美世界控股集团员工累计捐赠衣物万余件、图书数千册。

关键突破

以管理为抓手，提升项目可持续性

完美世界控股集团于2013年正式设立完美世界员工公益基金，以“专注于社会济困、赈灾救援、青少年教育发展、企业回报社会”为宗旨，通过开展四个不同方向的公益活动，即济困、救孤助残、赈灾救援等公益项目，青少年教育发展及其他社会教育发展项目，完美世界控股集团员工及员工直系家属公益项目以及完美世界控股集团用户公益项目，意在积极回报社会，助力建设美好社会。

完美世界员工公益基金建立了科学化、系统化、体系化的公益活动管理办法，在项目立项、项目审批、项目执行、项目宣传等方面严格把控，确保项目的精准实施。

在帮扶对象选择方面，完美世界员工公益基金通过与云南山区当地校长、老师建立长期的沟通渠道，力求将帮扶工作做到专人负责、资料备案、及时跟踪、到人到户。完美世界员工公益基金设立专门负责帮扶项目的人员，并于内部研讨制定“成长奖学金”的发放标准，通过当地老师了解学校贫困学生的家庭情况，对于那些父母一方或双方去世，一方或双方因病致贫、因残致贫的家庭，孩子虽成绩优异、热爱读书却因贫弃学的情况，完美世界员工公益基金则为其提供“成长奖学金”，并及时追踪每一笔奖学金的使用情况和奖学金学生的学习情况。此外，在每年5月的员工支教活动中，完美世界员工公益基金将对获得成长奖学金的学生进行家庭慰问。

在志愿者招募方面，完美世界控股集团每年会通过完美世界员工公益基金这个平台，在内部招募对公益事业有所关注、有时间和意愿、能够将所擅长的技能转化为教学内容的员工，在云南省开展为期一周的支教活动。

以企业为原点，链接更多利益相关方

企业是社会要素连接、组合和流通的桥梁。公益中帮助的大多数对象最终还是要以个体或者集体的方式直接或间接地连接到现实的社会价值网络中。所以，在完美世界控股集团的教育帮扶道路中，让社会资源与受助群体找到相匹配的助力方式，通过整合外部资源，链接更多的利益相关方投入公益项目中，从而提升项目的整体效果，是完美世界控股集团一直在努力的方向。比如，在每年的公益支教活动中，完美世界控股集团以企业为原点，不断向受助方链接了新加坡国立大学华北校友会、百仁慈爱公益基金会等相关方，携手促进教育公益项目更好地开展。目前，已有多位新加坡国立大学的校友通

过完美世界员工公益基金在沙依坡小学进行一对一的学生资助。

以公益为名，提高内部参与度

完美世界控股集团的教育公益项目是在其企业文化的深厚基础上进行的升华，通过完美世界控股集团长久以来在员工内心塑造的具有社会责任感的形象，动员公司内部员工，调动员工积极性，让其参与到一系列的员工志愿活动当中，以倡导员工常怀感恩之心，行力所能及之善事。完美世界控股集团自 2015 年启动的面向员工的“心系山区教育·呵护童年梦想”公益支教活动，共计约 50 名员工志愿者前往云南山区小学。自 2016 年起，开展的“员工公益跳蚤市场”已成为完美世界控股集团内部品牌公益项目。该活动筹集的善款全部用于“成长奖学金”项目，帮助更多的山区学生完成学业、实现梦想。

多重价值

完美世界控股集团通过系统化的教育帮扶行为，以完美教学工作坊，提高青年教师教学与教育能力；以发放成长奖学金精准资助偏远地区的优秀学生；以志愿者支教活动，帮助当地学生了解教育的意义，树立摆脱困境的斗志和勇气，阻断贫困的代际传递。三届“完美教学工作坊”项目，共培训约 40 名教师，他们在培训中不断提高自身的教学与教育能力，并将这些知识转化为实际行动，帮助所教的山区孩子开阔眼界，助力他们走出大山、实现梦想。截至目前，已有 50 个品学兼优的学生在“完美世界成长奖学金”的帮扶下，获得了继续学习的机会。

由于该项目的落地实施，完美世界控股集团获得了利益相关方的诸多认可。完美世界控股集团荣获南方周末“乡村教育优秀实践案例”奖项；荣获 CSR 中国教育榜三项大奖，《为乡村振兴，播撒教育种子》获得了 CSR CHINA 年度优秀志愿服务项目奖项，并被收录于《2021 年第五届 CSR 中国教育奖优秀案例选编》中，为企业、各机构提供了有益借鉴。

外部评价

参与完美世界控股集团公益支教课程的学生：“作为学生而言，已数不清楚上过多少节课了。那些令我记忆犹新的课堂，也许不是让我收获知识最多的，但可能是教会我某些人生道理的，更或许是带给我极大快乐的一节课，如现在的这堂课，谢谢完美世界控股集团的老师们。”

参加第三届完美教学工作坊的沙依坡中学的李娇老师：“对于我来说，这次教师培训最大的帮助就是，唤醒了我对孩子们最初保持的那种热情，也唤醒了我为人师的初心。在经历这次培训后，我回去要做的不是去苛责、否定学生，而是先跟他们玩一节课。最后，感谢完美世界控股集团把公益的目光关注在大山里的教师和学生们。”

未来展望

教育是国家振兴的根本，是民族未来的希望，而乡村教育发展更是乡村振兴的关键。完美世界控股集团会一如既往地开展教师培训、志愿者支教、奖学金资助等教育帮扶项目，帮助云南山区提高教育水平。

教师的眼界、素质和知识储备将对学生的成长产生深远的影响。完美世界控股集团计划培养 100 名山村“教学能人”，以此来提高云南山区教师的教学水平和基本素质，为山区教师保留更好的师资力量。

此外，完美世界控股集团将持续营造“人人公益，人人参与”的氛围，不断探索教育公益创新模式，将教育公益不断融入企业可持续发展战略中去，持续创造价值、回馈社会。

三、专家点评

从青年教师完美教学工作坊、精准资助特困学生、持续推行成长奖学金、公益支教精准帮扶等多个维度，构建完美世界的教育帮扶体系，持续支持乡村教育发展，助力实现联合国可持续发展目标（SDGs 1）。

——CSR 中国教育榜组委会

可持续消费

星巴克企业管理（中国）有限公司

打造低碳消费场景，引领可持续消费

——星巴克“绿色门店”体系

一、基本情况

公司简介

星巴克咖啡公司（以下简称星巴克）成立于1971年，致力于商业道德采购并烘焙世界高品质的阿拉比卡咖啡。门店遍布全球的星巴克已经成为世界领先的专业咖啡烘焙商和零售商。星巴克始终坚持对卓越品质和服务的承诺，遵循星巴克的指导原则，通过每一杯优质的咖啡为顾客营造独特的星巴克体验。

星巴克致力于通过种植可持续的咖啡，以可持续方式开展经营，成为一家对自然资源回馈多于使用的资源积极型企业。在这一愿景的指引下，星巴克基于科学依据设定了初级目标——到2030年，在全球咖啡生产加工运营过程中，对比2019年数据，实现碳排放、水资源使用、废弃物排放均减少50%。为此，星巴克着眼于“从一颗生豆到一杯咖啡”旅程中的每一个环节，通过采取各种举措减少对环境的影响。从种植、生产、包装一直到门店，星巴克的每一步都遵循绿色理念，希望每一杯咖啡都可以让未来更美好。

行动概要

2021年9月，星巴克全球首家环保实验店——星巴克向绿工坊在上海前滩太古里正式开业，代表着星巴克“绿色门店”认证体系在中国正式推出。该认证体系由星巴克与权威机构共同开发，考察范围覆盖门店的整个生命周期。“绿色门店”体系不仅聚焦水、电、环保冷媒等传统的门店设计建造环节，同时也关注更多与门店运营、消费体验相关的新角度，如室内降噪、室内空气质量、公共交通便利性、减少一次性包装、更健康低碳的植物基膳食等，体现了星巴克邀请更多消费者体验可持续生活方式的决心。

每一家星巴克“绿色门店”，都必须通过可追溯的、独立第三方进行的八大标准领域的审计与认证，分别聚焦于能耗管理、水耗管理、废弃物处置、可持续选址、100%使用可再生能源、负责任的材料使用和采购、健康和社区参与，包括必须使用高效低能耗电器、100% 使用无汞 LED 灯具、100% 使用可再生能源、采用低流量水龙头等。通过一系列积极举措，相较于 2019 年一家类似大小的普通星巴克门店，每一家通过认证的“绿色门店”每年预计平均可以减少约 10.66 吨的碳排放量和约 303 吨的用水量。“绿色门店”认证体系将兼顾全球理念与中国本土实践，并不断地测试、试点、反馈、改进，从而引领零售行业可持续转型。

星巴克全球首家环保实验店——星巴克向绿工坊外景

二、案例主体内容

背景 / 问题

成为一家对自然资源回馈多于使用的资源积极型企业是星巴克的发展愿景。在这一愿景的指引下，星巴克基于科学依据设定了初步目标——到 2030 年，在全球咖啡生

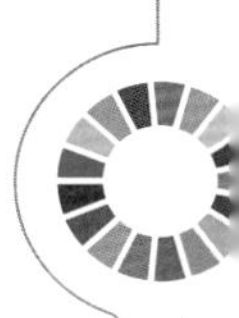

产加工运营过程中，对比 2019 年，实现碳排放、水资源使用、废弃物排放均减少 50% 并实现碳中和的绿色咖啡，并在咖啡生豆加工过程中减少一半的用水量。

星巴克积极响应中国“双碳”目标，设定了自身行动计划，致力于创新开发更可持续的门店、运营、制造和物流实践。随着可持续发展成为新的市场叙事要素，中国消费者对代表绿色可持续生活方式的产品的需求快速增长，中国作为星巴克全球新开门店最多、最快的市场，其加速度对于完成全球可持续承诺更加重要。

行动方案

能效、水效提升全覆盖：通过绿色认证的门店都采取了全面覆盖的能效、水效提升措施。以照明为例，光源全部实现智能控制，无须手动调节。照明系统设置白天、傍晚与深夜多个模式，有效减少了电力消耗。经测算，相较于 2019 年，一家同等规模的星巴克门店，采取以上措施后每年预计减少约 15% 的碳排放。同时，通过采用低流量水龙头等水耗管理措施，门店可平均减少 15%~20% 的用水量。

全面贯彻使用可再生能源：使用可再生能源是消费行业实现“双碳”目标的重要一环。所有经认证的“绿色门店”必须通过全国绿证认购平台购买绿色电力，100% 使用可再生能源，从而为消费行业可持续转型树立标杆。

积极推行可循环利用组装设计：星巴克向绿工坊店内约 50% 的建筑材料都可在未来被循环利用、升级改造或降解。整家门店的吧台及后区采用全新的模块化设计，吧台由功能各异的模块构成，可以根据需求拆卸、组装。如果该门店在未来改造，旧模块也可以在其他门店“重新上岗”。

探索低碳排食材替代：星巴克致力于为消费者带来更丰富的选取与可持续兼具的消费体验。店内超过 50% 的食品及含乳饮料均以植物基食材代替，含乳饮料将默认使用燕麦奶，同时推出了 15 款全新的植物基膳食食品，涵盖多款烘焙产品。经测算，与常规含动物油脂的麦芬蛋糕相比，每个星膳食燕麦乳巧克力麦芬减少了 60 克温室气体排放，约相当于节电 0.1 度。

支持再生资源产品：提高伙伴的可持续发展意识是绿色运营的核心。店内咖啡师所穿的围裙是由回收的 PET 饮料瓶经过清洁加工，再生制成聚酯切片、纱线、面料，最后加工成为独一无二的环保绿围裙，不仅减少了 PET 饮料瓶的废弃物产生量，相较于传统纺织工艺，还能减少能源和资源消耗，降低产品的碳排放。根据专业机构估算，这样的一条绿围裙在它的生命周期里，可减少约 1 千克的温室气体排放。

探索废弃物循环利用：星巴克希望邀请更多消费者共同体验可持续生活方式。店内的主要废弃物之一 ——咖啡渣得到了高效的回收再利用，一部分咖啡渣无偿分享给消费者用于除湿、除味，另一部分在进行堆肥处理后作为农作物和花园的有机肥料使用，从而减少使用高碳排放、高污染的化学肥料。同时，门店以减废减塑和倡导循环利用的生活方式为指引，推出了一款可重复使用的随行杯，并以切实优惠鼓励堂食顾客尽量使用店用杯或自带杯，减少一次性餐具所产生的废弃物。

星巴克全球首家环保实验店——星巴克向绿工坊内景

多重价值

连锁行业的线下门店兼具低碳行动中“减量”和“参与”的双重意义，是零售行业可持续转型的重中之重。星巴克“绿色门店”体系是寄给消费者的一封通往绿色未来的邀请函，也是全方位探索绿色零售、打造低碳消费场景的实验场。每家通过认证的绿色门店，相较于 2019 年同等规模的普通星巴克门店，每年预计减少约 10.66 吨的碳排放量和约 303 吨的用水量 [以上环境效益尚未计入 100% 使用可再生能源（绿证）的减排收益]。截至 2022 年 9 月底，星巴克已经在中国内地开设了 62 家“绿色门店”，并逐步推广至中国内地市场。

星巴克“绿色门店”体系的可持续实践获得了行业的高度认可。2022 年 6 月，星

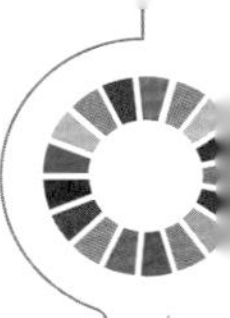

巴克向绿工坊获得了第一财经颁发的《绿点中国 2022 年度案例》，获奖理由是：“作为星巴克全球首家绿色环保试验店，星巴克向绿工坊全方位探索可循环的绿色零售新模式，在设计建造、日常运营、顾客体验的全生命周期中，可持续发展的理念和举措贯穿始终。”

2022 年 12 月 16 日，凭借“绿色门店”体系在低碳消费场景中所起到的示范作用，星巴克在《可持续发展经济导刊》举办的“金钥匙——面向 SDG 的中国行动”中荣获可持续消费类别冠军奖。“金钥匙”组委会提出的获奖理由是：“以品牌赢市场，以可持续谋未来。这里卖的不只是咖啡，还有绿色生活方式。”

未来展望

2022 年 9 月 13 日，星巴克在两年一度的“全球投资者交流会”上宣布了公司的“2025 中国战略愿景”。未来三年，星巴克将以平均每 9 小时开一家新门店的速度，增开 3000 家门店，覆盖中国 300 个城市。遵循“更广阔、更深入、更智慧、更绿色”的门店拓展策略，星巴克将加快“绿色门店”的布局，届时在全国运营约 2500 家“绿色门店”，占新增门店的八成，深入践行品牌的可持续发展理念。星巴克将秉持可持续发展理念，继续在成为一家与众不同的公司的道路上前进，进而为中国乃至全球零售行业的低碳发展路径做出贡献。

三、专家点评

星巴克“绿色门店”体系建设及举措，不仅聚焦水、电、环保冷媒等传统的门店设计建造环节，同时也关注更多与门店运营、消费体验相关的新角度，为行业探索践行循环经济理念，推进绿色低碳转型发展贡献了新方案和新思路，积累了先行经验。我们期待有更多连锁企业创新开发更可持续的门店，成为推动绿色低碳生活方式转变的积极力量。

——中国连锁经营协会副秘书长 王文华

星巴克积极将可持续发展理念与消费者服务场景相结合，为低碳消费场景做出了示范，持续推动消费者低碳消费意识的提升，不断探索零售行业低碳发展路径，引领行业共同迈向可持续发展的美好未来。

——中国商业联合会副秘书长 李祥波

（撰写人：徐力）

可持续消费

欧莱雅（中国）有限公司

发布中国日化行业内首个可持续消费领域指导性文件

一、基本情况

公司简介

欧莱雅身为全球美丽事业的先行者，致力于满足全球各地消费者对美的需求和向往。欧莱雅以“创造美，让世界为之所动”为使命，以包容、道德、慷慨的态度定义美，并致力于社会和环境的可持续发展。凭借集团旗下35个国际品牌的强大组合以及富有前瞻性的“欧莱雅，为明天——可持续发展承诺2030”，欧莱雅向全球各地消费者提供优质、高效、安全、真诚且负责任的美妆产品，以发挥潜力无限的多元之美。

欧莱雅集团在全球拥有85400名员工，也有均衡布局的全球业务足迹与完善的分销网络（包括电子商务、大众市场、百货公司、药妆店、美发沙龙、品牌和旅游零售），使2021年欧莱雅在全球实现销售额322.8亿欧元。欧莱雅在全球11个国家拥有20个研发中心，拥有一支由4000名科学家和3000余名科技人才组成的专业研发与创新团队，致力于创造未来之美，跃身为美妆科技策源地。

欧莱雅于1997年进入中国，欧莱雅北亚区及中国总部位于上海。目前，在中国拥有31个品牌，1个研发和创新中心，2家工厂分别位于苏州和宜昌，共有14000多名员工。经过25年高质量、稳健、可持续的增长，中国已成为欧莱雅集团全球第二大市场，集团北亚区美妆黄金三角洲的总部，以及集团美妆科技三大枢纽之一。

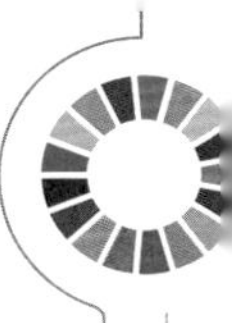

作为中国最佳企业公民之一，欧莱雅（中国）有限公司始终贯彻落实集团提出的“欧莱雅，为明天——可持续发展承诺2030”，也是欧莱雅集团第一个完整运营设施“零碳”的市场，并积极通过社会责任项目，持续贡献中国社会的美好发展。欧莱雅在可持续方面的行动受到了外界的一致认可——连续七年被全球环境非营利组织CDP在应对气候变化、森林砍伐和水安全问题三大环境主题中评为“A”级，也是唯一一家连续七年在以上三项主题中都荣获“A”级的企业。

行动概要

欧莱雅（中国）有限公司携手《可持续发展经济导刊》与中华环境保护基金会，联合发布了《日化行业推动可持续消费行动指南》（以下简称《指南》）——中国日化行业内首个可持续消费领域指导性文件。《指南》立足于“人货匹配，双向互动”理念，以“产品全生命周期”（Product Life Cycle）和“消费者行为模型AIPL”两大理论模型为基础，结合日化企业推动可持续消费的主要挑战和优势，为不同发展阶段企业提供行动指南与一线案例参考。同时，《指南》分别以“提高可持续产品供给”（生产运营端）和“推动消费者向可持续转型”（营销沟通端）两个目标为导向，围绕产品旅程和消费者旅程不同阶段，为企业推动可持续消费提供行动指南，以期通过创造和传递可持续价值，帮助消费者拥有更可持续的消费和生活方式。

二、案例主体内容

背景／问题

当前，全球正面临着以气候变化为代表的生态环境危机，实现人类与环境的和谐发展需要大幅度减少温室气体排放，彻底改变高耗能、高污染、高排放的生产模式。与此同时，消费是人类生产活动的动力和目标，耶鲁大学2015年的一项研究表明，家用产品及服务占全球温室气体排放量的60%。显然，从消费角度入手，寻求气候解决方案对于缓解气候变化十分重要。

可持续消费是一种新型的生活理念和消费方式，指既满足人类日益增长的消费需求，同时又不对生态环境和社会公平正义造成危害的消费理念和行为。近年来，中国制定了宏伟的“双碳”目标，减碳任务艰巨，而消费端减碳潜力巨大，是绿色低碳转型的重要引擎。随着消费者逐渐意识到个人行动对气候变化的影响，并愿意为和他们价值观一致的品牌买单，企业帮助消费者转向可持续消费行为，不仅是顺应新的消费趋势，还能够激发创新活力，把握新的市场机遇，而且有助于减少企业的碳排放，长期来看，有助于实现降本增效，并为国家实现碳中和目标贡献力量。

作为与国民经济和人们生活息息相关的重要产业之一，日化行业与人们生活的幸福感和获得感密切相关，与美好生活追求紧密相连。随着环保政策趋严，消费者对企业的社会责任和可持续发展提出了更高的要求，日化企业必须直面挑战、把握契机，重新审视自身对环境社会的影响，化挑战为机遇。从最初的原料采购到消费者使用及处置，日化产品都会对可持续发展产生影响。此外，日化品牌在影响消费者消费理念和购买决策方面的能量同样巨大。

行动方案

《指南》是中国日化行业内首个可持续消费的指导性文件， 适用对象是想要了解可持续生产与消费，以及正计划提升生产可持续性且希望联动消费者共同改变传统消费模式的日化企业。当然，也适用于对日化企业可持续发展事业感兴趣的消费者。为满足不同规模、处于不同发展阶段企业的差异化需求，《指南》力图提供一份较为完善的理念指导和行动建议：一方面，让尚未行动的企业意识到推动可持续消费与生产的重要性，

欧莱雅（中国）携手《可持续发展经济导刊》与中华环境保护基金会联合发布《日化行业推动可持续消费行动指南》

欧莱雅（中国）在第二届可持续消费高峰论坛上推介《日化行业推动可持续消费行动指南》

看见未来趋势；另一方面，为计划或正在行动的企业提供着手或改进行动的方向指引以及策略建议。

针对潜力型企业，《指南》介绍了可持续消费的必要性与重要性，凝聚广泛共识，激发其推动可持续生产与消费的意识与意愿；针对成长型企业，《指南》提出了推动可持续消费的策略建议，助力其生产方式与消费方式的可持续转型；针对领军型企业，《指南》揭示出应当把握国家全面促进消费升级和推动可持续消费的契机，推动其占领可持续发展高地、升级自身赢益模式，并积极参与共建可持续消费生态圈。

立足于“人货匹配，双向互动”的核心理念，《指南》以“产品全生命周期”和“消费者行为理论 AIPL 模型”为基础，以“提高可持续产品供给”和“推动消费者向可持续转型”两个目标为导向，结合日化企业推动可持续消费的主要挑战和优势，从生产运营和营销沟通两个维度，围绕产品旅程和消费者旅程的不同阶段，为企业推动可持续消费提供行动指南，以期通过创造和传递可持续价值，帮助消费者拥有更可持续的消费和生活方式。

生产运营：以“产品全生命周期”为指导框架，建议企业从技术层面提高产品资源与能源使用效率，围绕产品的研发设计、原料采购、生产制造、包装创新、分销零售、购后使用及废弃物处置等关键环节，重点开展可持续性研发与配方优化、可持续采购、清洁生产、使用可再生能源、提供有关产品信息、回收再利用包装物等主要行动，从而实现在生产运营端降低环境影响，在为消费者供给可持续产品的同时，挺进“可持续转型”新赛道。

营销沟通： 以“消费者行为模型 AIPL”为理论方法，建议企业从思想层面传递可持续消费的价值，在提供可持续产品和服务之外，加强可持续消费理念的传播和教育，提升消费者可持续消费的意识和意愿，同时克服小阻力、小麻烦，助推消费者“知行合一”，在 AIPL 链路—— 认知（Awareness）、兴趣（Interest）、购买（Purchase）和忠诚（Loyalty）上实现“进阶”，让消费者向往可持续，并最终选择可持续，完成从理念认知到行动力的转化。

多重价值

对于经济发展而言，《指南》可以促进更高质量的发展。可持续消费兼顾可持续性与发展性，在向消费社会转型以及全面促进消费升级的大趋势下，当前是融入和发展可持续消费的最佳契机，也是挖掘消费端潜力、助力经济高质量发展的机遇期。

对于社会发展而言，《指南》可以倡导社会转向更加“绿色、环保、健康、共享”的美好消费文化。《指南》通过帮助企业更好地实现可持续生产，从而满足消费者的社会、文化、情感消费需求，增强消费的获得感与幸福感，从而实现整个社会的共同富裕。

对于环境发展而言，《指南》可以在满足美好生活需求的同时，减少对环境的负面影响。《指南》通过帮助企业推动资源的减量化、再利用、再循环，从而降低环境污染，减少碳排放，节约资源，从而减少对环境的压力，保护自然生态。

未来展望

期待《指南》能成为一座灯塔，扩大可持续消费朋友圈。希望启发还在观望的企业开始行动，并为已经有计划或正在行动，但还缺乏系统性转型思维的企业，提供方向指引。

期待《指南》能成为一块磁石，集结更多伙伴加入共赢生态圈，包括行业上下游、跨行业创新者、科研机构、媒体、消费者等携手发掘机遇。

期待《指南》能成为一块基石，为政策制定者提供参考。2022 年，国家发展和改革委员会等七部委印发了《促进绿色消费实施方案》，2023 年初国家市场监管总局（标准委）批准发布了绿色发展领域标准，提出产品在全生命周期中最大限度降低资源消耗、避免使用含有有害物质的原材料、减少污染物产生和排放等优化设计。期待《指南》能为未来相关部门在制定日化消费行业更加细化的政策和标准时提供参考。

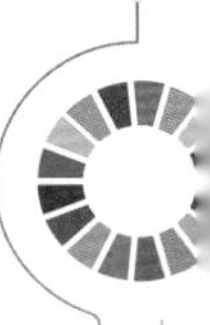

三、专家点评

目前，推动可持续消费尤为重要，从日化行业入手编制《指南》，因为其是发展可持续消费最具潜力的行业之一，不仅与消费者靠得最近，与美和自然的联结也非常紧密，并呈现出关注环保、健康的趋势。同时，随着近年来国内经济的增长与人民生活水平的提高，可持续消费认知亦在消费群体中逐渐深入人心，投资和消费成为推动可持续发展的两大机制，《指南》便是希望从消费这一购买端推动可持续消费成为主流。

此外，《指南》在探索产品生命周期和营销环节形成闭环亦取得重大突破，不是停留于浅谈愿景，而是真正结合了消费行为模式，起到了系统性的引导作用，为共建可持续消费生态圈建言献策。一言以蔽之，《指南》不是终点，而是起点。我们选择在今天推动可持续消费，不是为了抑制消费，而是要转向明智消费，促进消费提质升级；不是为了束缚企业，而是鼓励企业把握大趋势，加快转型，增强竞争力；不是为了可持续性放弃发展，而是挖掘消费端和生产端潜力，助力高质量发展。

——《可持续发展经济导刊》社长兼主编 于志宏

推动可持续消费是一项系统性工程，需要构建完整的生态圈，这个过程离不开企业，同时也需要更多利益相关方的参与和合作，其中包括消费者、政策制定者、科研机构和媒体等。可持续生产和消费是联合国可持续发展目标 12 的重要内容，生产与消费是紧密相连的，因此只有当所有利益相关方都发挥作用、相互协同时，才能实现生产者与消费者的同频共振、有效联动。未来，我们期待《指南》能够作为行业转型的阶梯，助力整个生态圈在实际行动中积极践行可持续消费，从而切实满足消费者的需求。

——中华环境保护基金会副秘书长 房志

从行业角度来看，《指南》做了一件很有前瞻性的事情。相较于能源行业，日化行业污染较小，但消费者群体广泛，与消费者密切相关。从日化行业切入，启动可持续消费研究，是很正确的。行业发展参差不齐，从体量上讲，欧莱雅不仅经济体量大，在环保领域也是先锋。但是，行业里占大多数的小企业，还是以生存为根本，处于低层次发展阶段。因此，总体来讲，整个行业目前在环保方面普遍还达不到很高的高度，行动方面也缺乏实际行动，需要有相关指南的引领，根据日化行业的特点提出可行性建议。

——中国香料香精化妆品工业协会理事长 陈少军

（撰写人：兰珍珍 陈佳昕 陈佳祺 黄依贝）

可持续消费

责扬天下（北京）品牌文化传播有限公司

“XR 任务”激发可持续消费行动的无限可能

一、基本情况

公司简介

责扬天下（北京）品牌文化传播有限公司（以下简称责扬天下）成立于 2012 年，是我国最早投身于推动中国社会责任与可持续发展事业的专业机构之一。秉承“携手共建可持续美好未来”的公司愿景，凭借在社会责任和可持续发展领域积累的宝贵经验，结合品牌传播的专业服务，责扬天下通过品牌建设、视觉创意、公关传播、数字营销、可持续创新项目孵化等方式，帮助企业与利益相关方建立更有效的沟通，提升企业的社会责任感和社会形象，增强企业的社会影响力，助力企业 ESG 竞争力和品牌价值提升。责扬天下在艺术、教育、消费等领域打造自有可持续 IP，通过跨界合作链接企业、社会等各方资源，共同推动企业履行社会责任与可持续发展。

通过在领域内的深耕与积累，责扬天下已成为联合国全球契约组织成员单位，并联合发起了全球可持续消费倡议与全球可持续艺术倡议。

行动概要

“X”代表你我他及无限可能，“R”是循环经济三原则的延展，核心任务为节能双减（Reduce）、物尽其用（Reuse）、循环再造（Recycle）、修复保护（Repair）。“XR 任务”从目标受众——作为消费主力军的中青年群体的喜好（喜欢高颜值、以精神消费为驱动、

偏好社交性、注重参与感与娱乐感）出发，设计了以碳中和为行动目标，兼具社交性、艺术性与体验感的一系列活动，让参与者虽置身环保话题，却备感潮流与时尚，从而更易接纳可持续理念并产生主动传播。

"XR任务"聚焦日常消费品行业，在线下举办潮流、艺术风格的可持续主题短期展览，践行"零废弃"理念。线上则长期运营以"任务—积分—奖励"为主要形式的游戏小程序。在此过程中，企业与品牌将完成面向消费者的有效露出，传播可持续故事、推介环保产品以及粉丝导流。至此，生产端和消费端将共同促进全社会可持续消费价值观的形成和深化。

二、案例主体内容

背景 / 问题

中国倡导可持续消费，对全社会践行新发展理念、推动高质量发展、满足人民日益增长的美好生活需要，以及碳达峰、碳中和目标和愿景下"营造绿色低碳生活新时尚"均具有新时代的特殊意义。但项目前期调研发现，公众对可持续消费理念仍存在认知差距。尽管个人消费占国内生产总值的比重达到 56%，但其中仅有 33% 的消费者有意识地购买过具有可持续属性的商品，通过数据发现，存在消费者对可持续消费的认识程度较低等问题，可持续消费市场的潜在能量仍有待开发。

与此同时，一些企业已经践行负责任生产多年，并推出了环境友好型大众商品，但鲜被消费者熟知，以至于可持续属性商品仍是小众群体的选择。因此，通过青年人喜欢的方式让他们在体验与社交过程中打破可持续消费的认知壁垒、有意识地优先选择可持续商品，从而鼓励更多企业开始负责任生产，形成可持续消费与生产的经济闭环与良性循环，对达成联合国可持续发展目标 12——"负责任消费和生产"与我国的可持续消费目标具有重要的推动作用。

行动方案

项目策略

"XR 任务"的策略是通过潮流、艺术的短期线下展览，结合游戏式的长期线上小程序（Mission XR）互动及奖励机制，让青年群体快速识别并沉浸式了解身边触手可及的可持续属性商品，让他们在玩乐中发现生活中对地球更友好的选择。

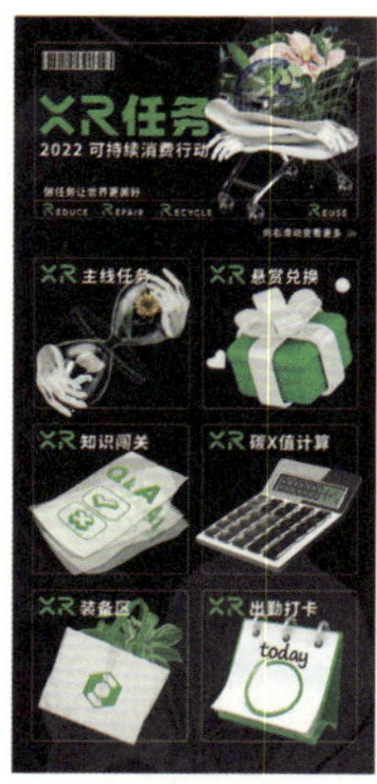

“XR 任务”的线上小程序 Mission XR

公众在做任务的过程中可以了解身边的遵循循环经济原则的产品，体验过线下展览后，还可以在“XR 任务”的线上小程序持续不断地参与任务，累积积分并获得奖励，在正向反馈中养成可持续消费习惯。

对于企业来说，这不是一个单一的公关活动，而是集讲好可持续故事、商品推荐、权威背书、粉丝导流、商品售卖于一体的综合平台。

项目突破

（1）创新运用“做任务”的互动形式来推广可持续商品及可持续消费理念。

（2）潮流的视觉形象打破了传统环保活动的固有印象，让可持续成为一件时尚的事情。

（3）线下与线上结合的形式让项目形成可持续生活方式生态圈，内容上通过挖掘市面上践行负责任生产、采购、可持续设计、物流的大众商品，找出日常消费品中更可持续的产品，让消费者从身边常见的商品及力所能及的小事出发，顺其自然地养成可持续消费习惯。

（4）为品牌可持续故事提供兼具专业性、持续性、互动性的讲述平台，打造链接品牌社会责任价值与消费者沟通的桥梁。

"XR 任务"北京站线下快闪展览

多重价值

经济价值

"XR 任务"为践行负责任生产、销售可持续属性商品的品牌和企业提供了展示平台，对我国消费升级有实质性的推进作用。并且随着大众对可持续消费认可度的提升，对可持续属性商品及服务将有更大的需求，由此也可以反向推动更多企业生产相关产品与提供相关服务，塑造可持续消费市场的良性竞争与循环。

"XR 任务"已与蒙牛、雀巢、晨光文具、父母效能训练（P.E.T.）、中国综合布线工作组（C-Team）、禾希有物等多家企业或机构达成合作协议，共同开展可持续消费行动。以此为基础，2022 年 6 月 28 日至 8 月 13 日，"XR 任务"在北京落地了第一场线下快闪展。与此同时，凭借项目的创新性和市场的独特性，该项目于 2022 年 8 月荣获 2022 年联合国全球契约青年 SDG 创新者项目（YSIP）优胜奖，并于 2022 年 12 月 16 日获得"金钥匙——面向 SDG 的中国行动"可持续消费类别优胜奖。

社会价值

"XR 任务"向大众消费者普及可持续消费理念、推荐可持续属性商品、传导可持续生活知识，并带领大众通过身体力行的"做任务"方式践行可持续消费原则。2022 年 6 月 28 日至 8 月 13 日，在北京市望京小街举行的"快闪"活动吸引了 3 万人参与，

Mission XR 小程序也收获了千名种子用户，项目做到了让更多人了解可持续消费理念、优先选择可持续属性商品，以此助力国家“双碳”目标的加速达成。

环境价值

“XR 任务”的线下展览践行“零废弃”搭建理念，使用叉车版、购物筐等可以多次利用的材料进行展览空间搭建，并在展览结束后运送至其他场地实现循环利用，促进了资源的最大化应用，打造了环境友好型线下展览样本。

“XR 任务”可持续消费行动海报

未来展望

未来，“XR 任务”将延续北京地区的线下展览，并辐射至国内多个城市，形式从大型的巡回展延展至轻量型的迷你“快闪”与校园展览，辐射至更广泛的参与人群。Mission XR 小程序将以优化使用感与体验感为目标，完善功能、更新任务内容及知识库，持续激发用户活跃度。并与更多品牌与平台合作，推出优惠券、限量版产品等丰富的奖励，让可持续消费不仅有趣、有意义还有真正的实惠。与此同时，项目将与 50 个可持续社群联动，共同推动可持续消费理念的传播。

三、专家点评

“XR 任务”是聚焦可持续消费理念培育与推广的可持续消费行动，通过专业化服务，为企业与消费者搭建了相互了解、相互启发的场景与平台，线上与线下结合的推广活动使消费者在潜移默化中接受可持续消费理念，同时也为企业提供了展示和改进可持续产品与服务的机会，非常有特色和新意，市场上不多见，这样的创新模式值得推广和复制。

——对外经济贸易大学国际经济研究院副研究员 李丽

（撰写人：张晓阳 邢星 高锦怡）

欧莱雅（中国）有限公司

产品对环境和社会影响标签系统

一、基本情况

公司简介

欧莱雅身为全球美丽事业的先行者，致力于满足全球各地消费者对美的需求和向往。欧莱雅以“创造美，让世界为之所动”为使命，以包容、道德、慷慨的态度定义美，并致力于社会和环境的可持续发展。凭借集团旗下35个国际品牌的强大组合以及富有前瞻性的“欧莱雅，为明天——可持续发展承诺2030”，欧莱雅向全球各地消费者提供优质、高效、安全、真诚且负责任的美妆产品，以发挥潜力无限的多元之美。

欧莱雅集团在全球拥有85400名员工，也有均衡布局的全球业务足迹与完善的分销网络（包括电子商务、大众市场、百货公司、药妆店、美发沙龙、品牌和旅游零售），使2021年欧莱雅在全球实现销售额322.8亿欧元。欧莱雅在全球11个国家拥有20个研发中心，拥有一支由4000名科学家和3000余名科技人才组成的专业研发与创新团队，致力于创造未来之美，跃身为美妆科技策源地。

欧莱雅于1997年进入中国，欧莱雅北亚区及中国总部位于上海。目前，在中国拥有31个品牌，1个研发和创新中心，两家工厂分别位于苏州和宜昌，共有14000多名员工。经过25年高质量、稳健、可持续的增长，中国已成为欧莱雅集团全球第二大市场，集团北亚区美妆黄金三角洲的总部，以及集团美妆科技三大枢纽之一。

作为中国最佳企业公民之一，欧莱雅（中国）有限公司始终贯彻落实集团提出的“欧莱雅，为明天——可持续发展承诺 2030”，也是欧莱雅集团第一个完整运营设施“零碳”的市场，并积极通过社会责任项目，持续贡献中国社会的美好发展。欧莱雅在可持续方面的行动受到了外界的一致认可——连续七年被全球环境非营利组织 CDP 在应对气候变化、森林砍伐和水安全问题三大环境主题中评为“A”级，也是唯一一家连续七年在以上三项主题中都荣获“A”级的企业。

行动概要

欧莱雅坚信，让客户、供应商和消费者都参与公司转型过程，打造可持续的世界是企业责任所在。实现可持续发展，其中重要的一环就是准确评估产品对环境的影响并采取行动降低影响，欧莱雅必须与消费者分享这一信息，让他们在信息充分的情况下做出具有可持续消费的选择。

要做出这样的选择，透明度是关键。为此，欧莱雅打造了一个产品对环境和社会影响的标签系统，让消费者更好地了解产品对环境和社会的影响。为了向消费者提供清晰、有用的信息，这个环境和社会影响标签系统将对产品在从 A 到 E 级的区间进行评分；其中，“A”级产品代表在环境影响方面具有最佳表现。这个评分考虑了 14 个对环境的影响因素，能够让人们准确了解欧莱雅产品对环境的影响情况，而且会在产品生命周期的每个阶段都进行评估。除了这个信息外，欧莱雅还将分享每件产品的生产情况和包装详情。标签还会展示产品社会影响力的关键信息，包括原材料供应商和包装供应商遵守国际劳工标准的情况；致力于社会包容，并为产品做出贡献的供应商数量。

二、案例主体内容

背景 / 问题

随着环境和社会挑战的日益严峻，欧莱雅集团正在加快转型，打造尊重地球的承载限度，且更具可持续性和包容性的发展模式。在“欧莱雅，为明天——面向可持续发展承诺 2030”中，重要的一环就是在推动自身转型的同时赋能欧莱雅的业务生态系统，让客户、供应商和消费者都参与到转型过程中来，打造更可持续的世界。其中，消费者作为欧莱雅业务生态系统中重要的组成部分，欧莱雅希望赋能消费者，与欧莱雅一起采取行动。

准确评估产品的环境影响，并采取行动是实现可持续发展的重要环节。如果消费者愿意通过选择可持续的产品为环保做出贡献，掌握的信息越多，就越能采取有效行动。

行动方案

为了提高信息透明度，欧莱雅与 11 位独立科研专家根据欧盟产品环境足迹（PEF）指南的内容和要求，采用严格的科学方法，共同开发了产品影响标签系统，旨在科学地评估产品的环境影响。该标签系统从 A~E 五个等级对产品进行评估，“A”级产品是欧莱雅所有参评的同类产品中对环境影响最小的，即最环保的产品。欧莱雅希望告知消费者其购买的产品对环境和社会的影响，以便于他们做出明智的、可持续的选择。欧莱雅将针对 D 级或 E 级核心产品（旅行装除外）实施一项行动计划，同时也会向消费者提供替代产品的建议。

该标签系统从 14 个方面（如温室气体排放、水资源短缺、海洋酸化或对生物多样性的影响等）准确衡量欧莱雅产品在其生命周期的每个阶段对地球的影响 。这些影响在产品生命周期的每个阶段都会被衡量。计算产品整体影响不仅考虑采购、生产和运输环节，还包括产品的使用阶段和包装可回收性。例如，制造过程中使用的水、包装中使用的回收再生塑料的比例，以及淋浴用水加热所排放的二氧化碳等都会被计算在内。

就化妆品而言，碳足迹和水足迹是最重要的影响因素。因此，除了公布整体环境评分，欧莱雅还会公布产品的详细碳足迹和水足迹。除此之外，欧莱雅还详细地披露了每件产品的生产和包装情况，标签还将显示有关产品社会影响的关键信息，例如，成分或包装材料供应商是否严格遵守了国际劳工标准的基本原则，以及在与产品任一环节相关的供应商中，有多少个致力于社会包容。

欧莱雅的计算方法受到了科学界的高度认可，同时符合欧盟委员会的标准和法国环境与能源管理局（法国环境、能源和可持续发展公共政策方面的最高权威机构）对产品环境足迹的建议。

产品环境和社会影响标签系统

方法的应用和数据的准确性经独立审计机构——必维国际检验集团核实，这些信息可在欧莱雅 20 个欧洲国家的品牌网站上查看，欧莱雅将逐步在新的市场中推动更多品牌使用该标签系统。

多重价值

2020 年 6 月，欧莱雅开始在法国卡尼尔护发产品网页上公布该环境影响标签。迄今为止，欧莱雅针对两个品类下的 5 个品牌，在 20 个欧洲国家采用了这一标签系统，并以其透明度和可信度得到了消费者和利益相关者的认可。欧莱雅在法国、美国和印度的真实情况下对环境标签进行了测试，结果显示，该标签能显著提高消费者对产品环境影响的兴趣，使他们愿意为环保尽一份力：当在两款产品之间犹豫不决时，消费者会选择对环境影响较小的产品；当常用产品被评为“D”“E”级时，消费者会选择标签建议的替代产品，改变购买习惯；消费者会想要寻求关于“如何在产品使用过程中尽可能减少环境影响”的建议。

与此同时，欧莱雅致力于与其他行业参与者共同构建一个适用于整个化妆品行业（全球）的评分机制。2021 年 4 月，42 家化妆品和个人护理公司以及专业协会携手成立 EcoBeautyScore 联盟，旨在打造一个行业通用的化妆品对环境影响的测量与评分系统。作为联盟成员，欧莱雅承诺与其他成员分享欧莱雅在环境和社会影响披露方面的经验，尤其是分享消费者对欧莱雅所提供的信息的反应，用欧莱雅的相关经验推动联盟的工作。2023 年下半年，EcoBeautyScore 发布后，欧莱雅将采用这一通用的评分系统。同时，将继续致力于推行评分系统，为更多的来自其他地区、拥有不同生活方式的新消费者提供信息。

未来展望

欧莱雅不仅聚焦于集团业务运营的直接影响，更关注作为生态圈一分子的间接长远影响以及赋能作用，并将行动方针与严守“地球界限”的迫切需求进行了更精准的对焦。为此，欧莱雅设定了量化目标，到 2030 年，100% 的欧莱雅产品将采用生态环保的设计。

欧莱雅将始终致力于以对内加速变革，对外赋能生态圈的“双引擎”模式在构建更可持续的商业模式的基础上，与商业生态伙伴一起共同应对迫切的社会和生态挑战，推动美好消费变革，守护美好星球的明天。

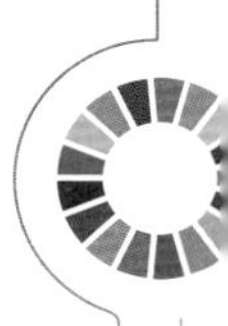

三、专家点评

欧莱雅对产品环境和社会影响标签系统的推行在中国市场是一个具有突破性意义和重大使命的行动，旨在帮助消费者准确评估产品对环境的影响并采取行动降低影响。通过消费者的选择，会助推化妆品行业在低碳绿色可持续方面的产业升级。

——上海市消费者权益保护委员会主任、上海市消费者权益保护基金会名誉理事长 方惠萍

由欧莱雅（中国）有限公司与上海市消费者权益保护基金会共同成立的“欧莱雅健康低碳专项基金”，是国内首个致力于低碳绿色消费的公益基金，将借鉴欧莱雅在国际上的成功经验，推动建立国内化妆品领域产品低碳科学评价体系与标签系统，为消费者提供可衡量、可比较的信息。通过消费者的选择，助推化妆品行业在低碳绿色可持续方面的产业升级。

——上海市消费者权益保护基金会理事长 唐健盛

欧莱雅产品对产品环境和社会影响的标签系统的推出，一方面将呼吁更多的利益相关方采取行动，向着更可持续的良性商业模式转型，共同促进化妆品消费行业在低碳、绿色、可持续方面的升级；另一方面是为解决世界所面临的挑战贡献自己的绵薄之力。

——上海市商务委员会副主任 刘敏

（撰写人：兰珍珍 陈佳昕 谢文婷 杨畅畅）

科技赋能

国网浙江余姚市供电有限公司

城市防电墙：基于北斗定位的城市安全治理新模式

一、基本情况

公司简介

国网浙江余姚市供电有限公司（以下简称国网余姚市供电公司）下设 10 个职能部门，4 个业务支撑实施机构，9 个供电所，担负着余姚市 21 个乡镇街道 1526 平方千米面积内超 59 万用户的供用电服务。余姚电网拥有 500 千伏变电所 2 座，220 千伏变电所 8 座，110 千伏变电所 40 座，35 千伏变电所 10 座。2022 年，余姚市全社会用电量 124.63 亿千瓦·时，全社会最高负荷 240 万千瓦。

国网余姚市供电公司秉承社会责任是企业发展基本底色的观念，坚决落实上级公司战略部署开展电网建设，不断深入学习并实践可持续发展理念，服务经济社会发展大局，在城市数字化治理、小城镇综合治理、乡村振兴、绿色低碳等诸多领域展开实践，成果丰硕。

行动概要

随着余姚城市建设步伐和发展速度的进一步加快，一方面，供水、供热、供气、供电以及广电通信等各类城市管线数量和规模在扩大，分布和构成状况也更加复杂；另一方面，吊车、挖机等特种车辆在管线附近施工作业的次数也显著增加，由特种车辆施工导致的外力破坏事故也更加频发。近年来，余姚市由特种车辆施工造成

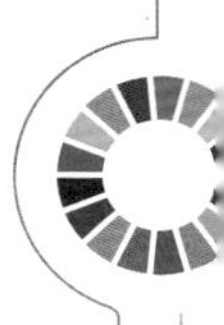

的触电事故频繁发生，对输电线路造成严重损坏，给施工人员的生命安全带来巨大威胁。

国网余姚市供电公司聚焦施工建设影响城市管线安全等问题，以科技创新为基点，创新整合北斗定位、移动互联网等新技术，开发可实时定位、智能预警的特种车辆防外破智能监控产品平台，打造“整体智治、高效协同”城市管线安全管控新模式及安全治理生态圈，有效解决了各类城市管线管理方及城市发展建设施工方所遇到的问题。据国网余姚市供电公司统计，该项目自 2018 年底实施以来，防外破管控成本降低了 95%，成功制止危险施工 710 次，城市安全治理效率大幅提升。该项目在海宁、绍兴、衢州、兰州等地进行了推广和应用，得到了各方的高度认可，为城市数字化治理提供了宝贵的经验。

二、案例主体内容

背景 / 问题

国网余姚市供电公司经过调研和总结后发现，问题主要集中在两个方面。

一是传统人防技防效率低、成本高、效果差。传统的输电线路防外破手段主要采用“人防”方式，一方面派人在事故多发地 24 小时“蹲守”，另一方面组建团队在线路保护区内无差别巡视。随着余姚电网规模扩大，这种方式人力投入大、成本高，且效果较差。

在风险预警方面，缺乏有效的技术手段支持和引导作业车辆及人员进行规范操作，从而无法对管线和操作人员的安全提供有效的保护。同时，也缺少一个统一的操作平台，以实现不同部门之间的信息沟通和共享。

二是仅依靠供电公司自身力量难以解决城市综合治理的难题，管理方面缺乏全面视角。在国家电网公司内部视角下，防止发生电力外破事故是主要目标，仅靠自身力量和资源不仅难以彻底解决电力外破问题，也难以取得其他利益相关方的理解与支持。传统管线安全管控工作以电力线缆与设备本身为关注重点，需要投入大量的人力和物力来减少事故的发生，但在实践过程中存在人防难、技防难、追责难等诸多问题，急需一个多方融合机制以高效解决问题。

行动方案

针对传统人防难题的解决方案

一是数智技术赋能，实现主动预警。国网余姚市供电公司积极探索工作方式的转变，从日常生活中的某出行软件中获得灵感，由国网余姚市供电公司出资，联合技术公司由 11 人组成的专项技术团队开展技术攻关，成功构建了国内首个“北斗定位智能防外破平台”并开发了手机 App 客户端，充分利用北斗卫星的定位精度高、可场景模拟等技术手段，构建多维地图。

给特种作业车辆安装智能定位芯片

通过给特种作业车辆安装智能定位芯片，在平台地图上即可实现对特种作业车辆的实时精准定位。创新性地以软硬件结合的方式，推动“传统人巡”向“智能机巡”转变，依靠数据和智能设备实现外破风险主动预警。

国网余姚市供电公司依托北斗卫星定位功能，构建多维全景感知、主动式预警、智能化决策的“特种车辆防外破智能监控体系”。首先，依据线路发布、设备状态、型号等信息，建立一张“余姚线路电子地图”；其次，在重点线路周围设置保护区域——“可视电子围栏”；最后，结合北斗定位技术和安装在特种车辆上的智能定位装置，判断吊机、挖机等特种车辆是否在“可视电子围栏”内施工，一旦出现异常情况，立即向运维人员发送包含车辆定位、车牌号、司机的手机号码等信息的预警短信。

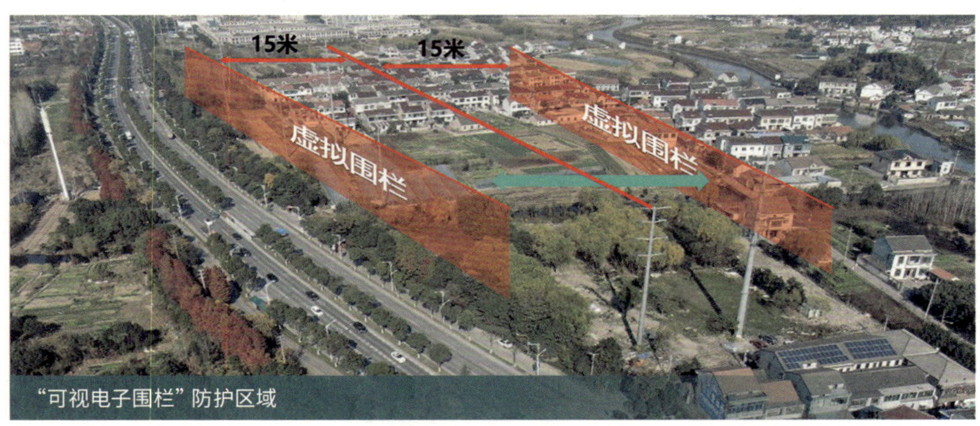

“可视电子围栏”防护区域

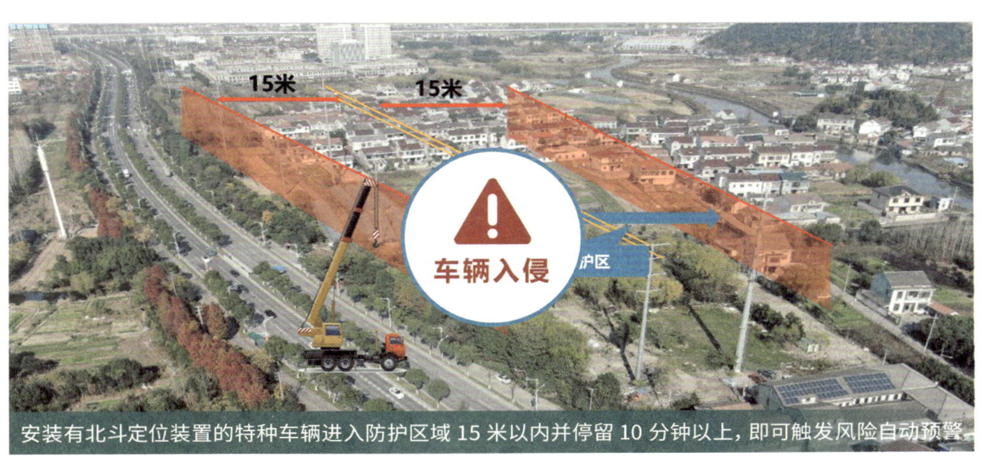

安装有北斗定位装置的特种车辆进入防护区域 15 米以内并停留 10 分钟以上，即可触发风险自动预警

二是探索跨界应用平台价值。城市综合治理问题，需要通过建立一个多方共用的平台，实现跨行应用，积极向水力、燃气、通信等其他管线管理方进行宣传推广，共同促进城市治理水平的提升；探索跨界应用，将项目成果延伸至林业、古建筑等保护领域，让多方参与共建共享平台系统，提升城市智慧治理水平。

针对管理机制方面不足的解决方案

一是引入外部视角，转变管理逻辑。国家电网公司作为主要的管理单位，将“解决自身面临的输电线路巡护难、追责难”的内部挑战转变为“助力提升城市治理精细度与效率”的社会问题，从而进一步争取各类合作资源，促进问题的协作解决，在推动提升城市治理精度与效率的同时，解决电力管线安全巡护的难题。

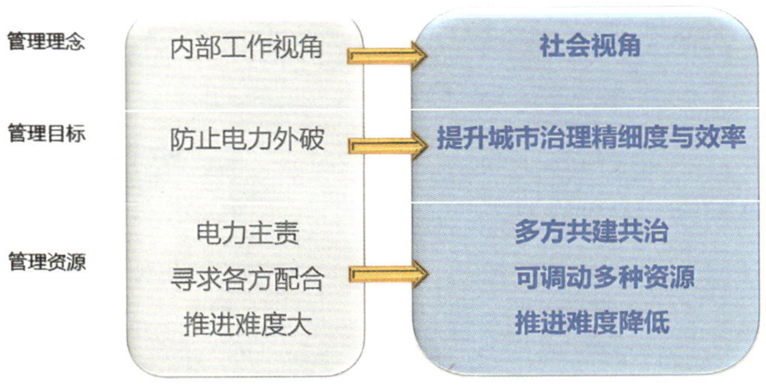

管理机制转变提升

二是融合多方力量，聚焦关键要素。国网余姚市供电公司分析了项目所涉及的利益

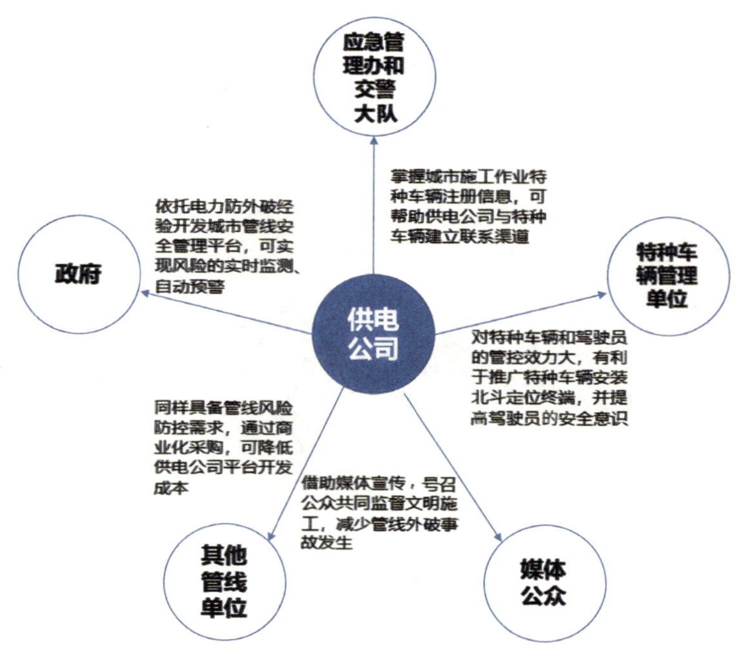

各方力量融合合作优势

相关方，通过问卷、走访等多种形式开展调研工作，了解各利益相关方的期望与诉求，充分识别各方资源优势，确定各方责任边界，共同高效完成项目实施，从以前的“单打独斗”转变为现在的“共同会战”，实现价值最大化。

对于实践过程中存在的人防难、技防难、追责难等诸多问题，国网余姚市供电公司结合前期调研，从风险源头出发，建模分析，找准技术分析方法，将主要风险源和关键要素聚焦到特种车辆和驾驶员。通过与安全管理部门

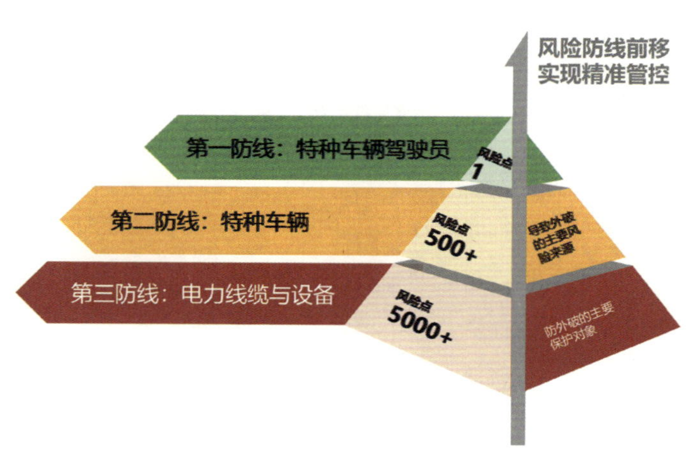

风险防线前移实现精准管控，解决了实践过程中的“三难”

和交通管理部门的合作，国网余姚市供电公司针对本市服务范围内的驾驶员进行调研和培训，并主动联系各特种车辆经营企业进行北斗定位终端安装，以用户便利为第一考量，并在安装过程中为用户详细介绍终端及系统的功能及安全性，保障了客户终端的覆盖及使用。最终，实现了对特种车辆和驾驶员的有力管控，使管控范围由 5000 多个线缆段转变为几百辆特种车辆和几百位驾驶员，从而将风险管控点前移，减少人防、技防带来的大量人力和资金投入。

关键突破

一是推动跨界合作治理，技术加持共同筑造城市安全防线。该项目的专业技术团队潜心研发“北斗定位智能防外破平台”，实现了风险的精准预警和防控点前移，解决了传统人防的技术难题，实现了“智能机巡”。在项目建设过程中，“北斗定位智能防外破平台”吸引了通信、热力等部门的关注，进一步挖掘了项目的发展潜力，提升了经济价值和社会价值。2018 年 12 月至 2022 年 12 月，将宁波市 1500 余辆特种车辆纳入“北斗定位智能防外破平台”，形成了大数据助力城市治理的“余姚模式”。

二是整合各方资源，获取各方的利益诉求及资源优势，寻找多方共赢的合作基础。项目实施期间，国网余姚市供电公司牵头与各外部利益相关方进行沟通与交流，分析了

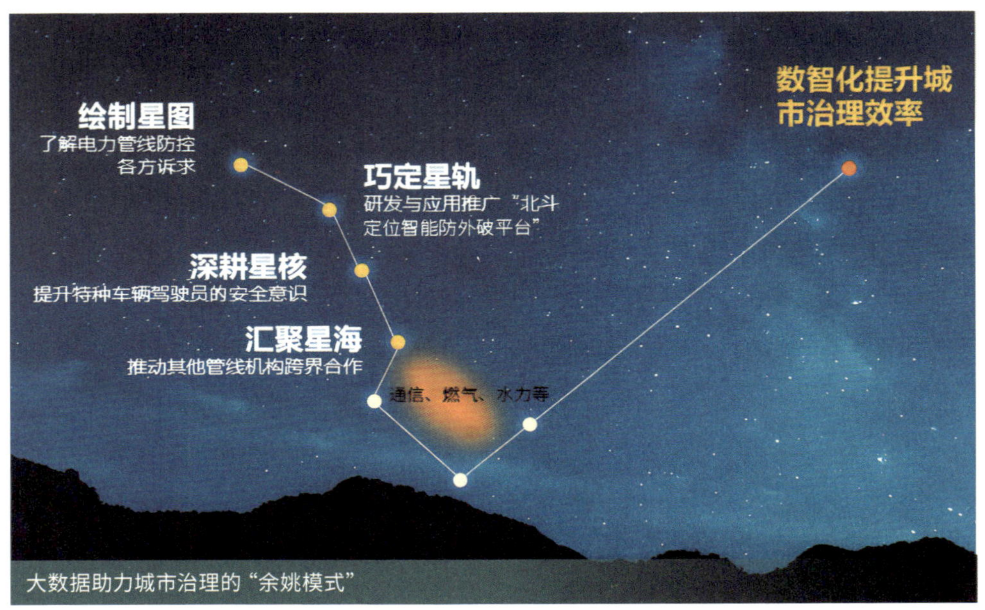

大数据助力城市治理的“余姚模式”

解各方的资源优势及核心诉求，成功与应急管理局、交警大队等关键利益相关方形成合作共识，建立常态化沟通机制，并制定了定期召开线下会议制度，共同促进推广与应用，实现多方配合、业务融合、共赢共利。

多重价值

该项目取得了经济、社会、环境等多重价值，为城市安全治理及数字化建设贡献了力量，具体表现为以下几个方面：

在经济价值方面，实现了“成本三低”

一是电网运维成本低。“北斗定位智能防外破平台”解决了传统管线管控手段劳动强度高、防护效率低、及时性差等问题，每年可减少巡视驻点人员开支约 150 万元。二是社会治理成本低。借助平台系统使用及特种车辆驾驶员安全教育培训，有效降低了现场作业风险和因责任过失或意外情况导致的线路通道外破事故。2018 年 12 月至 2022 年 12 月，没有发生因特种车辆施工导致的电力线路外力破坏及触电事故，根据同期对比数据，降低了社会成本 700 万元以上。三是推广应用成本低。“北斗智能防外破平台”的系统终端一旦在车辆上安装，后续所有合作单位只需缴纳一定金额的数据管理费，即可精准获知自身相关管线廊道区域内特种车辆位置信息并享受外破报警服务，大幅减少了每年通过其他方式防外破而产生的管线运维费用。

在社会价值方面，体现了“四高”

一是生命安全保障度高。在利用技术保障特种车辆驾驶员安全的同时，通过对特种车辆驾驶员进行专业化且有针对性的电力安全和应急救援知识教育，帮助驾驶员学习和掌握了各项有效信息。二是电网安全稳定性高。实现了输电线路由“被动防护”到“主动防护”的转变，实时掌握特种车辆作业情况。三是城市治理有效性高。依托“北斗定位智能防外破平台”，特种车辆施工导致的线路外力破坏隐患被消灭在萌芽中，避免了由于外力破坏导致意外停电、交通堵塞、工程受阻等情况的发生。四是社会传播影响力高。该项目自 2018 年底开展以来，国网余姚市供电公司“北斗定位智能防外破平台”陆续被人民网、凤凰网、界面新闻、电网头条、国家电网、北极星电力新闻网等媒体报道 50 余次，通过宣传，增强了社会公众参与城市生命线保护行动的主动性。

在环境效益方面，主要体现了“两大”

一是主动规避生态破坏的潜力大。建设人与自然和谐共生的现代化，实现生态文

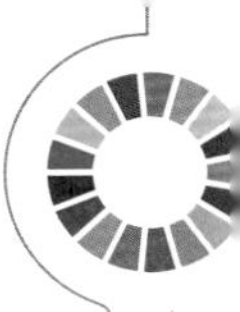

明建设新进步，是我国“十四五”时期经济社会发展的重要目标。国网余姚市供电公司通过对技术进一步研发应用和系统进一步开发升级，能够逐步增加和完善“生态红线位置标记”,帮助特种车辆避开生态敏感区，主动降低施工作业对自然生态系统的影响。二是监督文明绿色施工效力大。通过联动环境保护局等单位，将环保监察纳入城市智能治理“朋友圈”。在特种车辆施工作业时，可以通过实时监控和智能预警，跟进工程进展，监督废弃物处理、场地清理、水土保持等方面环保规范要求是否落实，确保文明绿色施工。

外部评价

余姚市相关领导在国网浙江余姚市供电公司报送的《关于从电力指数看我市乡村振兴的报告》上批示，公司紧紧围绕余姚市委、市政府的中心工作，主动创新，以科技赋能助力城市建设和生产活动的安全保障。以电力大数据助推乡村振兴和共同富裕示范区建设，不断打造多方融合的合作机制，增强了群众的信任感；不断优化乡村电力电气设施，提升服务群众的水平，增强了群众的获得感。望持续加大力度，以科技赋能和技术创新作为发展的源动力，以乡村振兴电力指数的提高来换取群众的点赞数量。

中国电力网：特种车辆司机由于驾驶环境复杂，常常会判断失误或操作不当，导致车辆碰到电线、挖断电缆、撞断电杆，从而引发了安全事故，如此一来，特种车辆司机和周边居民也面临着触电的危险。为此，国网余姚市供电公司发起“‘安’‘防’与共——特种车辆司机电力关爱行动”，进一步杜绝了特种车辆安全事故的发生，避免司机触电，为行业、社会、环境等多方面的安全提供了可靠的保障。

未来展望

在探索科技助力可持续发展、让未来更美好的道路上，国网余姚市供电公司坚持学习国内外先进理论并在实践中不断探索和创新，亦将继续发力，将探索城市智慧化综合治理的实践成果积极分享和推广给兄弟单位，为城市安全管理、数字化治理和多方融合沟通与交流、跨界应用平台的构建贡献“余姚力量”。

三、专家点评

在特种车辆行驶和施工中，对周边人群、环境和设施的危害防范，一直是社会治理领域的一个研究课题。这个项目通过 5G 移动通信技术的应用来做好防范，在一定程度上提升了驾驶员的电力防护与安全驾驶意识，很好地解决了特种车辆操作安全这一社会难题，让驾驶员、车辆周边人员的人身安全更加有保障，对周边环境和设施更加友好，可以为国有企业参与社会治理提供参考。

——宁波志愿者学院院长 詹斌

中央企业一直是企业社会责任的标杆，“北斗定位智能防外破平台”整合政府与专业资源，紧抓切实存在的问题，贴合了科技创新的理念，在政府治理和社会治理边界上进行了积极、有益的实践，真正解决了社会难题，非常具有示范性，值得在多个领域推广。

——浙江省社会责任促进会理事长 鲁怡

（撰写人：耿飞 翟宝峰 孙玉晶 苗云梦 吕洪波）

可持续金融

中和农信项目管理有限公司

践行普惠金融，助力农村小微客户发展

一、基本情况

公司简介

中和农信始于 1996 年世界银行在秦巴山区创设的小额信贷项目。目前，中和农信由中和农信项目管理有限公司和旗下的小微金融机构及“三农”服务企业组成。中和农信坚持义利并举的可持续发展理念，聚焦为农村地区小农户及小微经营者群体提供小额信贷、农业生产、乡村生活及公益赋能等服务。中和农信扎根农村“最后一百米”，致力于满足乡村百姓对美好生活的向往，为乡村振兴与共同富裕贡献力量。

作为一家由具有社会导向的非营利组织转型而来的企业，中和农信一直将社会绩效放在与财务绩效同等重要的地位，致力于在中国农村地区带来积极的经济、社会和环境影响，为实现联合国可持续发展目标做出贡献。在 20 多年的发展历程中，中和农信始终聚焦农村客群，致力于为农村地区无法获得传统金融服务或贷款需求未能得到满足的小微客户服务，帮助他们发展生产，提高生活水平。随着国家进入巩固拓展脱贫攻坚成果、全面推进乡村振兴的新征程，中和农信也从聚焦“扶贫”转型为全面服务“三农”，通过更加多元化的服务引导农村生产生活绿色化、数字化，帮助农村里的老百姓过上更美好的生活。

行动概要

农村小微客户长期面临着融资难、抗风险能力弱、缺乏先进知识与技术等的挑战。中和农信扎根农村市场，为小农户、小微经营者提供方便、快捷、可获得的金融服务，通过物理网点和数字渠道的协同发展不断提升服务广度，并通过将金融与生产、赋能服务相结合，帮助客户实现长期发展。

锁定目标人群，服务农村“最后一百米”。针对农村小微客户特点与需求，中和农信为其量身打造了贷款门槛低、贷款金额小、还款方式灵活的信贷产品，提高了金融服务可获得性；在全国范围内设立“进县入村，上门服务”式服务网点，同时积极发展和应用数字技术，实现“广覆盖”。截至 2022 年底，中和农信有效客户为 37 万户，其中 88% 为农户，户均余额仅 4 万元。

结合生产场景，推动可持续农业发展。中和农信结合具体生产场景，将金融服务与小农户急需的农资供应、技术应用等服务相结合，帮助客户解决投入品质量良莠不齐、采购资金压力大的挑战，同时发挥资金引导作用，鼓励小农户采用先进生产技术与投入品，推动小农户生产向专业化、标准化、绿色化模式转型。

开展赋能服务，提升客户综合能力。中和农信将金融知识、数字工具使用方法指导等融入日常业务中，并通过线上与线下相结合的方式提供金融教育、农技知识、创业指导等多层次、成体系的能力服务，提升客户在金融、生产、数字化方面的能力和水平。

二、案例主体内容

背景 / 问题

在巩固脱贫攻坚成果的基础上，全面推进乡村振兴、促进共同富裕是我国建设社会主义现代化国家的历史性任务。党的十九大报告指出，必须始终把解决好“三农”问题作为全党工作的重中之重，也指出保障乡村振兴投入，需要解决“钱从哪里来”的问题。尽管近几年“三农”资金供给总量迅速增长、金融普及率大大提高，但农村金融依然存在显著的供需不平衡，尤其是对于小微用户来说，融资难问题依然是制约其发展的主要“瓶颈”之一。这与农户自身特点和农村金融特殊性是密切关联的，农户的贷款需求一般额度小、周期短、季节性明显，他们在地理上居住分散，常常缺乏正规的信用记录、财务记录和其他材料；此外，很容易受到气候、市场波动等的影响，

抗风险能力较低，同时难以提供合格的抵押品，缺乏风险缓释手段。这些都导致金融机构获取客户、收集信息、管理风险的成本较高，难以形成规模效应。面对这些挑战，农村贷款供给长期存在巨大的缺口。

除资金获取之外，如何发挥资金的最大效益也是农户面临的挑战之一。很多农户由于在产业链中处于弱势地位，且缺少金融、市场、先进技术等相关知识和技能，不能很好地抵御风险或者抓住机会，使经营陷入困难甚至出现返贫现象。这些客户对获取优质生产资料、提升综合能力同样有迫切的需求。

行动方案

为了解决贫困人群和其他弱势群体的金融需求无法得到满足的问题，国内外都进行了长期的探索。20 世纪 70 年代，穆罕默德·尤努斯（Muhammad Yunus）教授在孟加拉国试验开展小额信贷，其开创的格莱珉银行模式证明，穷人并不是缺少信用，关键在于找到可行的信用模式。穆罕默德·尤努斯的经验引发了全球效仿，并在 20 世纪 90 年代被引入中国。中和农信正是起源于 1996 年国务院扶贫办和世界银行借鉴国际经验设立的小额信贷试点项目，并在之后的发展中成功进行了市场化转型，实现了商业可持续运营。在 20 多年的发展中，中和农信没有偏离最初的使命，始终专注服务农村小微客户，在原先的模式上进行了本土化创新，不断丰富产品与服务，以更好地满足客户的需求。

锁定目标人群，服务农村“最后一百米”

针对农村小微客户的特点，中和农信为其量身定制了小额贷款产品，大大降低了获得贷款的门槛。首先，中和农信 99% 以上的贷款是无抵押贷款，也无须公职人员担保，而是通过综合考察农户经营、家庭和个人情况了解还款能力和还款意愿进行风险管理。其次，中和农信的贷款额度为 1000 元到 50 万元，其中 95% 的贷款在 10 万元以下，大大低于传统金融机构的平均贷款额度，真正做到了“支农支小”。根据客户需求的变化，公司产品由最开始的以小组贷款为主逐步加入个人贷款，并基于农户经营活动周期和未来现金流提供灵活的贷款周期和还款政策，减轻客户的还款压力。基于这些针对性的产品设计，中和农信在满足农村小微客户生产需要的同时有效防止借款人过度负债。在整个贷款流程中，都有客户经理上门服务，客户足不出户即可获得专业金融服务。依托由数千名来自本地的员工组成的基层服务团队，中和农信深入农村和中西部“老少边穷”

中和农信通过合适的产品设计与交付，帮助农村小微客户获得正规金融服务，助力他们的成长与发展

地区，为客户送去便利的服务，实现金融“广覆盖”。同时，中和农信有意识地提高为农村妇女、少数民族客户、低学历人群等相对弱势群体服务的能力。中和农信通过向妇女提供贷款，鼓励女性更多地参与经济决策和经营活动，帮助她们提高家庭与社会地位。通过加强员工培训，招募少数民族客户经理，使用本地方言，提供多种信息获取渠道，中和农信帮助少数民族客户、低学历客户更方便地获取金融服务，并确保其充分了解产品信息，最大限度地保护客户权益。

此外，中和农信积极应用数字技术提升金融服务能力。通过中和农信线上“三农”综合服务入口——“乡助”App，农村客户尤其是偏远地区客户能够不受时间和空间的限制，更灵活、便利地使用包括金融、生产、生活在内的一系列服务，大大提升了服务效率。与此同时，中和农信基于对农村客户的深入了解，不断完善产品设计和配套服务，避免由于客户金融与数字能力的制约而将部分有需要的群体排斥在服务范围之外。中和农信采取真人服务与数字技术相结合的策略，由技术团队和当地客户经理为客户提供线上和现场支持，帮助他们解决操作中遇到的问题，建立起使用数字金融产品的信心，更好地从数字化发展中获益。

结合生产场景，推动可持续农业发展

2022 年，中和农信的贷款中九成以上用于生产性项目，近一半直接用于农业生产。

农业生产需要包括从产前、产中到产后的一整套产业链服务，要将金融与创业主体、生产要素充分融合，才能发挥资金的最大效益。小农户由于规模小且分散，在产业链中处于弱势地位，在优质生产资料的获取、市场的对接中都面临挑战。在中和农信的贷款客户中，不乏因天灾人祸等导致逾期乃至返贫的现象。针对这些挑战，中和农信以金融服务为基础开展创新，将金融与农资直供、产销对接、农技支持等服务相结合，如通过与知名农资品牌对接，建立直供渠道，在保障投入品质量的同时提供分期服务，帮助小农户进一步降本增效。

同时，中和农信结合资金引导与宣传教育，鼓励农户采用科学的生产模式，合理搭配肥料、适量施肥、推广有机肥料和土壤改良产品的科学应用，提高小农户生产的标准化、绿色化水平。

开展赋能服务，提升客户综合能力

中和农信非常重视客户的能力建设。面对供应链、市场的不断变化，要从根本上支持农村客户发展，仅仅靠提供资金是不够的，还需要帮助小农户和小微经营者提升综合能力，以更好地掌握先进科技与适应生产经营模式。

中和农信将成熟的线下团队与科技创新能力相结合，搭建起一个包括金融教育、职

在提供金融服务的同时，中和农信还通过提供有针对性的金融、农技、经营等培训，帮助农户解决生产中的难题，实现增收致富

业培训、农技支持、创业指导等内容在内的多层次、能够满足不同规模与类型客户需求的能力建设体系。在业务拓展过程中，中和农信借助真实有效的服务场景，将金融教育、移动互联网工具应用融入服务中，例如培训客户使用 App 申请贷款、了解征信知识、辨别正规金融机构、防范金融诈骗、保护个人信息等，帮助客户提升金融素养与数字工具的应用能力，并建立自我保护意识，提升抗风险能力。

中和农信借助内部与外部专家团队，通过组织现场农技知识培训、直播微课堂、土壤检测等方式，传播先进理念和技术，帮助小农户改变完全基于经验的粗放式生产模式，提高生产力。同时，通过乡助 App 提供专家答疑服务，随时随地提供农业生产技术支持。自 2019 年开始，中和农信与壳牌中国合作，已成功举办三期“Shell LiveWIRE”小微企业管理高级研修班，通过定制课程、一对一辅导、跟踪服务等形式为来自全国的近百位农村小微企业主提供了全面、系统化的管理培训，帮助县域以下创业群体提升经营管理水平，扩大经营规模，实现利润增长。

2022 年，中和农信发起的非营利性社会组织中和乡村发展促进中心启动农村集体经济组织创业赋能项目试点，通过需求调研、能力建设、业务指导等活动，提升农村集体经济组织经营管理和服务社员的能力，促进农村集体经济发展。

多重价值

依托线上与线下相结合的服务体系，中和农信深深扎根于中国农村，为需求没有得到充分满足的农村小微客户提供金融服务，并结合客户能力建设和农业生产服务对客户进行全方位赋能。

帮助农村小微客户平等获取资源与服务。中和农信通过提供包容性产品与服务，帮助农村小微客户，特别是在经济、社会上处于相对弱势的特殊群体能够平等获取经济资源和享受服务，帮助他们实现收入增长和生活水平的改善。截至 2022 年底，中和农信小额信贷服务已覆盖全国 20 个省份 400 多个县的 10 万多个乡村，累计放款 636 万笔共 1195 亿元，年末在贷客户 37 万户，余额为 151 亿元，户均余额仅为 4 万元，其中 88% 为农户，70% 为女性，18% 为少数民族客户，67% 为初中及以下文化水平客户。

促进农村产业发展，推广可持续农业。通过提供资金、生产资料和能力建设支持，中和农信帮助县域以下小农户和小微经营者发展生产，促进当地经济发展和就业，尤其是支持农业产业发展。2022 年，用于农业生产用途的贷款占年末余额的 47%。通过提

供分期服务、农业技术支持等，中和农信鼓励小农户向可持续生产方式转型，实现减肥增效、减少温室气体排放和环境污染。

支持客户长期发展，助力乡村人才振兴。针对客户的不同需求，中和农信提供多元化的能力建设服务，帮助客户提高金融素养、生产经营技能与数字化能力，帮助他们获得更好的经济发展机会。自 2016 年以来，中和农信发起“金融教育”“农技知识”等培训近 8000 场，服务农户 35 万余人。

未来展望

中和农信的发展创新历程显示了农村普惠金融的重要性和强大生命力，也证明了小额信贷机构能够兼顾社会价值与财务绩效。未来，中和农信将不忘初心，坚持服务农村客群的使命，秉承共同富裕精神，坚持包容公平理念，聚焦产业发展与客户赋能，基于农村客户真实需求持续创新。在这个过程中，中和农信将坚持可持续发展原则，以客户为中心完善产品与服务，并加强社会、环境风险管控，以更全面、更高质量的服务助力“三农”，搭建起跨越城乡、贫富、性别以及数字等鸿沟的“桥梁”。

三、专家点评

中和农信不仅捍卫了小额信贷的本源，同时也是在向全社会证明，小额信贷是能够成功的。其中，最关键的就是从一开始你们就做了正确的事情，并在做对事情的基础上把数字（业务规模）不断扩大。做到这一点真的很不容易，我深知当中需要多少努力，才能够把你们的触角伸到最偏远的农村。

——孟加拉乡村银行（格莱珉银行）创始人、“穷人的银行家”、2006 年诺贝尔和平奖得主 穆罕默德·尤努斯

我非常高兴地了解到，中和农信现在不只是着眼于做好传统小微贷款，更在思考一个重要问题，就是怎么样才能帮助我们的客户发展。传统的银行家会给大家讲怎么做业务、怎么挣钱，但作为一家金融机构，最有价值的东西实际上是客户对我们的信任。

——联合国开发计划署可持续金融助力乡村振兴项目首席技术顾问 丁宇

（撰写人：吕怡然 梁秀龙 高鸽）

可持续金融

国投创益产业基金管理有限公司

市场化产业基金服务乡村振兴

——中央企业基金探索投资“造血式”助力乡村发展

一、基本情况

公司简介

国投创益产业基金管理有限公司（以下简称国投创益）成立于2013年，是国家开发投资集团的全资企业，受托管理了国内第一只具有政府背景、市场化运作、自负盈亏的欠发达地区产业发展基金和由93家中央企业出资设立的中央企业乡村产业投资基金，在管基金募资规模超过480亿元。国投创益坚决按照党中央、国务院指明的方向，秉持“为国而投、为民创益”的理念，坚持市场化运作，紧紧围绕乡村振兴战略开展影响力投资，持续引导资金投入欠发达地区，以产业兴旺引领乡村全面振兴。

行动概要

随着我国全面建成小康社会，中央企业乡村产业投资基金重点围绕服务乡村振兴、促进共同富裕展开投资，以产业兴旺带动乡村全面振兴为着力点，聚焦现代农业消费品、清洁能源、新能源材料、先进制造、医疗健康等农业现代化基础产业，通过市场化的“ESG+乡村振兴影响力”投资管理，平衡社会效益与经济效益，实现乡村地区的益贫式增长。

二、案例主体内容

背景 / 问题

2014~2016 年，国家先后成立了欠发达地区产业发展基金（原贫困地区产业发展基金）和中央企业乡村产业投资基金（原中央企业贫困地区产业投资基金），并交由国投创益运营管理，探索市场化的产业基金扶贫新路径。

2018 年，我国宣布全面实施乡村振兴战略。在这一阶段，我国仍然面临城乡区域间、产业间的发展不平衡现象十分突出，农民增收速度较慢，城乡“两极化”等现实问题。

随着我国全面建成小康社会，通过基金投资乡村建设已经成为我国推动乡村振兴的重要形式。2021 年 6 月，“中央企业贫困地区产业投资基金”更名为“中央企业乡村产业投资基金”（以下简称央企基金）。作为中国国内乡村振兴主题基金中成立最早、规模最大、运营和管理模式最成熟的一只基金，央企基金以可评价、可考核的市场化民生产业基金投资运作模式，在中国的欠发达地区推动实现无贫穷、零饥饿、良好健康与福祉、优质教育、性别平等、清洁饮水和卫生设施等一系列可持续发展目标，并在中国脱贫攻坚取得胜利、全面实施乡村振兴战略后，以完善的影响力投资管理体系，可持续地推动中国进一步消除区域、城乡之间的不平等以及人的全面发展，成为中央企业履行社会责任的重要平台载体。

行动方案

以乡村产业兴旺为着力点，着力推进农村一二三产业融合

作为最早成立的乡村振兴基金，经过脱贫攻坚阶段的探索，央企基金形成了行之有效的产业基金投资管理模式，以产业兴旺带动乡村全面振兴为着力点，遵循基金行业运作规律，平衡社会效益与经济效益，聚焦现代农业消费品、清洁能源、新能源材料、先进制造、医疗健康等农业现代化基础产业、富民产业，实现立体、分层次、多角度推动乡村产业兴旺和全面振兴。

强化农业现代化基础支撑。科技与工业的发展程度决定了农业现代化的成色。以提升种业科技水平为重点，央企基金投资生物育种领域，目前已实现对隆平生物、大北农生物、杭州瑞丰等生物育种头部企业的投资覆盖，持有生物育种技术专利 100 余项，为中国农业现代化关键领域提供有效支持。以强化现代农业物质装备支撑为方向，央企基金重点投资以农机装备为特色的先进制造领域，投资了潍柴动力、钵施然等企业，满足了中

国市场对 CVT 拖拉机、采棉机的迫切需求，有力推动了中国高端智能农业机械的研发制造。

聚焦富民产业促进绿色发展。政策倡导的一二三产业融合为导向，央企基金重点投资现代农业消费品领域，近年来累计在种植养殖、农产品加工、食品饮料等细分行业投资项目 60 余个，投资了牧原、扬翔、壹号食品、益客食品、涪陵榨菜、天地人等一大批现代农业消费品企业，不断提升农业产业化水平、引导产业围绕县域集中、富民产业做强做大。以建设美丽乡村为出发点，央企基金依托不同地域资源禀赋，重点投资了清洁能源、新能源材料领域，近年来投资了长远锂科、振华新材、中广核风电、桂东电力等一批社会效益好、带动能力强、符合政策指向的企业，引导企业在欠发达地区投资设厂、产业有序梯度向县域延伸转移，在为地方政府增税、群众增收的同时，助力欠发达地区驶入产业兴旺“快车道”。

加强医疗服务助力乡村建设。以基金服务乡村建设要在公共服务和基金特点之间找到平衡。以加强基本公共服务县域统筹、推进紧密型县域医疗卫生共同体建设的政策方向为指导，央企基金重点投资了医疗健康领域，以专科医院为特色，投资了何氏眼科、康宁医院、达康医疗等眼科、精神病、血液透析专科医院，并引导其以县域为中心，在欠发达地区设立医院，让欠发达地区群众就诊更方便、享受更多的专科诊疗资源。

构建具有中央企业特色的 ESG 投资管理体系

2019 年，央企基金开始高质量谋划乡村振兴，基于多年来服务脱贫攻坚的经验，提出以服务乡村振兴为核心的影响力投资理念，在充分比较国内外主流价值投资体系、认知和进一步发掘 ESG 对于乡村振兴的价值后，中央企业乡村产业投资基金将 ESG 作为价值驱动因素，推动社会效益闭环管理向影响力投资全面升级。

实践表明，央企基金以投资带来了可复制、可输出的可持续发展成果，关键在于通过市场化的“ESG+ 乡村振兴影响力”投资管理，实现了益贫式增长（Pro-Poor Growth），增长的利益更多地流向低收入人群。“ESG+ 乡村振兴影响力”投资管理体系具有以下特点：

以“星火”原则为引导。“星火”（S.P.A.R.K）原则是央企基金在乡村振兴阶段“ESG+ 乡村振兴影响力”投资管理的整体方略，旨在贯彻以乡村振兴为核心的影响力投资理念，发挥基金的引领作用，充分调动社会资源投向国家重大民生战略领域。一是关注企业可持续经营能力（Sustainability）。投资企业首先应当具有良好的商业模式和完善的公司

治理机制，实现可持续发展。二是农业农村优先发展（Priority）。在投资的全流程中明确所有投资项目均应为乡村振兴战略的实施提供助力。三是注重全面振兴（All-round）。注重乡村发展各个领域的协同性及关联性，注重以利益联结推进乡村产业、人才、文化、生态、组织等乡村全面振兴。四是经济和社会效益兼顾（Return）。除考量投资项目所产生的经济效益外，评估项目实施所能产生的社会贡献，共同作为投资决策依据。五是服务关键目标（Key Target）。以农业产业化、清洁能源发展、医疗服务等产业板块为方向实现高质量发展，助力我国如期实现碳达峰和碳中和，最终实现共同富裕的目标。

以“两条路径”为依托。一条路径是投资的影响力闭环管理，在投资过程中，央企基金影响力投资体系通过融入定性、定量的 ESG 评价体系，结合 ESG 数据库和影响力报告等实施工具，通过搭建指标体系、数据库等六个步骤形成影响力管理闭环；另一条路径是将 ESG 要素融入“募投管退”全流程，央企基金把 ESG 价值驱动因素融入募集资金、基金投资、投后管理、股权退出的各个环节，与国家级民生类基金的定位深度结合，充分体现基金的 ESG 要素。

以“三项工具”为抓手。央企基金基于脱贫攻坚阶段建立社会效益评估体系的经验，形成了以 ESG 评价体系、数据库、运营报告为核心的完整工具体系，以全面推进乡村振兴为导向，成为推进 ESG 投资管理体系的有力抓手。其中，ESG 评价体系根据评估指标合理、科学和可行的原则分为三级，从乡村振兴总目标的角度出发，每一项指标都可归入总目标中的具体目标：一级指标为环境、社会和治理（ESG）；二级指标以环境为例，分为改善人居环境、强化资源保护与节约利用、加强生态修复与保护、助力碳达峰与碳中和四个方面；三级指标是对二级指标的进一步细化，每一项都可量化、评分，如改善人居环境细化为减少污染物排放量、资源消耗降低水平、资源循环利用水平、环境修复水平等。基于 ESG 评分，央企基金建立 ESG 数据库并动态更新，并以此作为影响力报告及央企基金 ESG 品牌和评价体系输出的基础。

多重价值

我国实施乡村振兴战略的总要求是“产业兴旺、生态宜居、乡风文明、治理有效、生活富裕”，其基础是脱贫攻坚对于无贫穷、零饥饿、良好健康与福祉、优质教育、性别平等、清洁饮水和卫生设施等目标的实现，其目标与联合国可持续发展目标相一致。

央企基金将服务乡村振兴战略与实现联合国可持续发展目标相结合，以“ESG+ 影响力投资管理体系”为依托，探索优化投资组合管理，与 SDGs 相对应，实现了以下价值:

经济效益

在产业创新和基础设施方面，种业科技、农机装备是科技与工业服务农业农村现代化的代表性行业，央企基金以投资强化农业现代化基础支撑，重点投资生物育种领域、以农机装备为特色的先进制造领域，引领农机装备现代化升级，累计投资项目 44 个，金额为 98.58 亿元，企业产品种植面积覆盖达 1.8 亿亩，生猪产能达 970 万头，农业机械产量 52.1 万台。

在体面工作和经济增长、负责任消费和生产等方面，央企基金以投资聚焦富民产业促进乡村发展。以一二三产业融合为导向，央企基金重点投资现代农业消费品领域，引导产业围绕县域集中、龙头企业做强做大。以发展富民产业、建设美丽乡村为出发点，国投创益引导产业有序、梯度向县域延伸转移，为欠发达地区人口免于离乡务工、获得体面工作提供机会。累计投资项目 22 个，金额为 42.6 亿元，投资项目带来人均增收超过 5 万元 / 年。

环境效益

在提供经济适用的清洁能源方面，央企基金依托不同地域资源禀赋，致力于提供经济适用清洁能源的同时创造经济效益，重点投资了清洁能源、新能源材料领域，引导企业在欠发达地区投资设厂，在为地方政府增税、群众增收的同时，为助力欠发达地区产业驶入“快车道”、融入新经济发展带来了强劲动能。央企基金已累计投资项目 36 个，金额为 164.09 亿元，规划装机总量达 9849.55 万千瓦，相当于节约标准煤 4846.03 万吨，减少二氧化碳排放 1.31 亿吨。

社会效益

在减少不平等、可持续的城市和社区等方面，以加强基本公共服务县域统筹、推进紧密型县域医疗卫生共同体建设的政策方向为指导，央企基金重点投资了医疗健康领域，以专科医院为特色，投资了眼科、精神病、血液透析等欠发达地区高发病专科医院，并引导其以县域为中心，在欠发达地区建立医院，让欠发达地区群众就诊更方便、享受更多专科诊疗资源，为可持续的城市和社区提供基础条件。央企基金已累计投资项目 45 个，金额为 113.73 亿元，年就诊人数达 130 万人次。

推广价值

央企基金管理人国投创益被评为 2021 年度“中国私募股权投资机构 100 强”“国资投资机构 50 强”“碳中和领域投资 10 强”；2021 年度“中国碳中和产业最佳投资机

构 TOP30”；被《财经》杂志评为长青奖“可持续发展普惠奖”；被《母基金周刊》评为“中国投资机构先进集体”“社会责任与碳中和投资机构 TOP20”；被《投资家》评为“新能源领域最佳投资机构 TOP20”。

央企基金从产业基金管理体系、方式、平台、全面风险管理、社会效益闭环管理、投后管理、双轮驱动、信息化建设、党的建设、品牌建设 10 个方面，形成了产业基金管理模式。由国投创益总结、编著的有关产业基金在脱贫攻坚中的作用发挥与经验总结的《产业基金扶贫实践与探索》一书已由人民出版社出版，面向社会发行。

未来展望

“民族要复兴，乡村必振兴。”全面建成小康社会后，我国进入了以解决相对贫困、精神贫困、反贫困和乡村振兴为主要内涵的扶贫扶弱时代，面临着难度更大、形式更多样、方式更复杂的相对贫困治理。同时，随着我国庄严提出“双碳”目标，如何促进绿色发展理念与乡村振兴相融合，推动高质量发展全面绿色转型，如何更好地平衡经济效益与社会效益，实现可复制、可输出的民生获得，将成为国投创益作为国家级民生基金管理人今后面临的重点和难点。

未来，作为国投集团“十四五”时期服务乡村振兴战略的重要载体和特色品牌，国投创益将以习近平新时代中国特色社会主义思想为指导，深入贯彻党的二十大精神，立足新发展阶段，完整、准确、全面地贯彻新发展理念，服务构建新发展格局，全力推动基金业务改革创新发展，全面发挥中央企业的影响力，有效服务乡村振兴，促进全球可持续发展，努力向党和人民交上一份满意的答卷。

三、专家点评

国投创益以影响力投资的方式开展负责任投资，是一种应对系统性风险的重要方式。国投创益服务乡村振兴战略的实践，正在改变传统投资以财务回报为核心的评价方式，以产生社会影响并且追求财务回报为绩效进行投资规划，将每一笔投资的社会和环境影响以及产业上下游所有利益相关方的影响纳入考量，在实现财务回报的情况下创造正面、可计量的社会与环境效应。

——金钥匙专家，中国企业联合会雇主部副主任，原全球契约中国网络执行秘书长 韩斌

（撰写人：王维东 刘云 李斌 刘高阳 杜凯迪）

可持续金融

可持续发展
目标

微众银行

发挥科技优势，探索特色数字普惠金融之路

一、基本情况

公司简介

作为国内首家数字银行，微众银行以“让金融普惠大众”为使命，以科技为核心发展引擎，坚守依法合规经营、严控风险底线，专注为普罗大众和小微企业提供更为优质、便捷的金融服务。

自 2014 年成立至今，微众银行积极探索践行普惠金融、服务实体经济的新模式和新方法，取得了良好的成效。目前，微众银行的个人客户已经突破 3.5 亿人，小微市场主体超过 340 万家，客户增长速度在国内外商业银行发展史上前所未有；微众银行已跻身中国银行业百强、全球银行 1000 强，在民营银行中首屈一指，并被国际知名独立研究公司 Forrester 定义为“世界领先的数字银行”。

微众银行诞生于金融供给侧结构性改革的背景下，是中国金融业的“补充者”，专注普惠金融的定位，发挥数字科技的特色优势，初步探索出独具特色、商业可持续的数字普惠金融发展之路。

此外，微众银行不断思考如何更好地回馈社会，并提出了“责任 +1、消保 +1、合规 +1”的价值取向，致力于在商业可持续发展的基础上推动实现社会可持续发展。2022 年，微众银行发布了首份《可持续发展报告》，全面展现了微众银行在 ESG 战略与管理、夯实党建引领、坚持合规经营、助力普惠金融、践行绿色理念、投身公益事业等方面的实践，为社会各方创造共享价值。

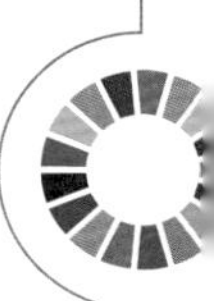

行动概要

消除贫困、性别平等、增加就业、产业创新等联合国可持续发展目标都与普惠金融相关，也是普惠金融贡献联合国可持续发展目标的价值所在。普惠金融是一项使社会各阶层和群体都能够享受适当、有效金融服务的重要战略。近年来，我国已建立了多元化普惠金融服务体系，普惠金融得到了快速发展，然而依然面临多方面挑战，其中小微企业融资难、融资贵，金融服务不平衡、不充分等问题突出，制约了我国普惠金融的可持续发展。

为此，微众银行发挥自身科技优势，主动探索，推出了“微粒贷”“微业贷”“微众银行财富 +”等一系列符合国家政策导向、社会需求的普惠金融产品矩阵。在业务稳健快速增长、发挥普惠金融服务经济社会可持续发展的同时，微众银行始终坚持自主创新，在区块链、人工智能、大数据和云计算等关键技术领域持续开展研发应用攻关，使银行的各项成本持续优化、效率显著提升，并构建了新型风控体系和模型，有效管控风险，使不良贷款率始终控制在同行业较低水平，从而为践行普惠和服务小微企业夯实了基础。

二、案例主体内容

背景 / 问题

党中央、国务院始终高度重视普惠金融发展。党的十八大以来，随着数字经济蓬勃发展，我国普惠金融服务质效不断提升，成为高质量发展的重要推动力。2013 年，党的十八届三中全会提出“发展普惠金融”的重要任务。2015 年，国务院印发《推进普惠金融发展规划（2016—2020 年）》，正式将发展普惠金融确立为国家级战略规划。该规划明确指出，普惠金融是指立足机会平等要求和商业可持续原则，以可负担的成本为有金融服务需求的社会各阶层和群体提供适当、有效的金融服务。小微企业、农民、城镇低收入人群、贫困人群，以及残疾人、老年人等特殊群体是当前我国普惠金融的重点服务对象。

然而，要提高金融服务的覆盖率、可得性和满意度，增强所有市场主体和广大人民群众对金融服务的获得感，真正让中小微企业、中低收入人群享受更好、更优质的金融服务，依然面临多方面的挑战。

小微企业融资难、融资贵问题。国家统计局数据显示，我国小微企业贡献了全国 50% 以上的税收、60% 以上的 GDP、70% 以上的专利发明、80% 以上的城镇就业和 90% 以上的企业数量，是国民经济和社会发展的主力军。作为市场上最活跃的经济体，小微企业的融资需求仍未被充分满足，解决小微企业融资难、融资贵等问题已成为普惠金融发展的重要一环。

破解金融服务不平衡、不充分问题。在服务个人方面，受制于成本、风险和收益的结构性不对称等因素，传统金融机构难以惠及财务状况较差及居住偏远的“长尾人群”，难以做到成本可覆盖、风险可控制，亟待提升普惠金融服务的覆盖率、可得性以及满意度，助力解决金融供给侧结构性问题。

金融科技的“不可能三角”。为有效满足大众和小微企业小额、高频金融需求，实现既“普”且“惠”的可持续发展目标，亟须形成领先的科技创新能力，打破金融科技大容量、低成本、高可用性的“不可能三角”。

行动方案

作为全球领先的数字银行，微众银行自成立起便秉持“让金融普惠大众”的使命，牢记金融为实体经济服务的职责，发挥以科技为核心发展引擎的优势，成功走出了一条差异化、特色化的发展之路。目前，微众银行建立了以“微粒贷”“微业贷”“微众银行财富 +”等为代表的普惠金融产品矩阵，累计服务全国超 3.5 亿个人客户和超 340 万小微市场主体，包括个体工商户、新蓝领及年轻白领等多层次群体，覆盖农民、城镇低收入人群、贫困人群、残障人士、老年人等普惠金融客群，支持好实体经济特别是小微企业的发展。

微众银行企业金融：数字化驱动，创新小微企业金融服务模式

微众银行通过全面有效运用金融科技，以数字化大数据风控、数字化精准营销、数字化精细运营的“三个数字化”手段，充分化解了银行端服务小微企业风险成本高、运营成本高以及服务成本高的“三高”问题，实现了信贷业务体验、效率和规模

“微业贷”服务小微企业

的提升，以及风险、成本的持续下降，走出了一条“发展可持续、风险可承担、成本可负担”的独特的小微模式道路，即“微业贷模式”，打通了小微企业融资难、融资贵的“最后一公里”。

微众银行企业金融沿袭“微业贷模式”的成功路径，推出了“供应链金融”和“科创贷款”服务，并持续丰富金融、非金融产品矩阵，打造全链路商业服务生态，以满足企业综合服务需求。微业贷“供应链金融”主要以供应商和经销商多种数据的数字化、线上化、智能化为载体，具有不过度依赖核心企业信用、不依赖货物押品的差异化特点，以此贴近产业链、供应链中的广大经销商、供应商的需求。微业贷“科创贷款”具有无须抵质押、无须线下开户、全天候、智能化等特点，围绕国家科技创新的路线图和产业链布局，为科技创新及战略新兴产业的小微企业提供金融支持。

微众银行个人金融业务：多元化发展，弥合“数字鸿沟”

微众银行依托“微粒贷”“微众银行 App”等产品，多元化发展个人金融业务，满足大众的基础金融需求。其中，微众银行面向城市中低收入人群和偏远、欠发达地区民众，推出了全线上、纯信用、随借随用的小额信贷产品“微粒贷”，以满足其“按需贷款、随时可得”的需求。相比于传统金融产品，“微粒贷”能够利用数字化精准营销策略，降低金融交易成本，以可负担的成本为有融资需求的各类人群提供金融服务。

微众银行依托“微粒贷”金融扶贫项目，探索出了“互联网 + 金融”新样板，并升级打造了“微粒贷金融乡村振兴项目”，通过将“微粒贷”联合贷款业务核算落地的方式，定向为国家乡村振兴重点帮扶县贡献税收，助力国家乡村振兴重点帮扶县的各项工作。

同时，微众银行充分利用自研前沿技术手段，推动无障碍金融服务全面升级。微众银行“微粒贷”早在 2016 年便专为听障人士开通了远程视频身份核验流程，并聘请专职手语专家组建了一支手语服务团队，协助客户完成借款流程以及借款前后的咨询。2021 年，针对视障客户，“微粒贷”启动了信息无障碍优化项目，为视障人士提供无障碍的金融服务。2021 年 10 月，微众银行推出了适老化的“微众银行 App 爸妈版”，组建老年人专属客服团队，并持续优化面向听障、视障等客户的无障碍服务，让金融服务更温暖、更便捷。

助力科技自立自强：深耕金融科技，探索数字普惠金融新路径

作为国内首家获得国家高新技术企业认证的商业银行，微众银行始终坚持自主创新、

微众银行企业总控中心

以科技为核心驱动力，自成立起科技人员占比始终保持在 50% 以上，历年科技研发费用占营业收入的比重约为 10%，全行申请专利累计超 3500 项，其中 2019 年发明专利申请量居全球银行业首位。

微众银行提炼出“ABCD”（人工智能、区块链、云计算和大数据）金融科技战略，并在这四大领域实现了一系列前沿技术的积累和应用，在部分领域取得国际领先水平。凭借领先的科技创新能力，微众银行率先打破了金融科技的大容量、低成本、高可用性“不可能三角”，同时实现了这三个目标，使银行的各项成本持续优化、效率显著提升，从而为践行普惠和服务小微企业奠定并夯实了基础。

在人工智能方面，微众银行发布了全球首个工业级人工智能联邦学习开源框架 FATE；建立了自研的人工智能客服系统；采用业内领先的人脸识别与活体检测技术，推出金融级远程身份认证产品；构建了开放的人工智能营销解决方案，实现了高价值产品的精准获客与用户价值提升。

在区块链方面，微众银行联合国内多家金融机构和科技企业共同发起成立了深圳市金融区块链发展促进会（以下简称金链盟），并搭建了金融级的区块链底层平台 FISCO BCOS。作为最早开源的国产联盟链底层平台之一，FISCO BCOS 开源社区已成为最大、最活跃的国产开源联盟链生态圈，汇聚了超过 4000 家机构与企业、90000 名个人开发者，

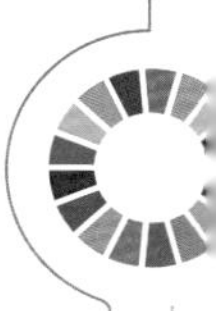

并在金融、农业、制造业、文娱等重点产业领域助力了 300 余个标杆应用的落地。

在云计算方面，微众银行搭建了分布式银行核心系统，并把 ARM 服务器部署在自身核心的金融业务场景中，从而真正实现了关键核心技术 100% 自主研发和银行核心系统的软硬件全面自主可控。

在大数据方面，针对传统风控方式存在信息不对称、数据获取维度窄、人工采集成本高、效率低等挑战，微众银行选择以大数据为核心构建与完善风控规则，建立了一系列数字普惠金融业务风控模型及反欺诈能力。目前，微众银行风险模型数量超过 600 个、风险参数逾 10 万个，核心风险指标均优于监管要求和行业平均水平。

多重价值

打通小微企业融资难的“最后一公里”

微众银行“微业贷”初步形成了“发展可持续、风险可承担、成本可负担”的数字化小微企业金融服务特色模式。目前，“微业贷”已触达全国 30 个省份，授信客户超 110 万家，累计授信金额超 1.1 万亿元。年营业收入在 1000 万元以下的企业占客户总数的比例超 70%，超 50% 的授信企业客户系企业征信白户，打通了小微企业融资难的“最后一公里”。

此外，微众银行企业金融致力于为小微企业打造全链路商业服务生态，除了金融服务产品，还围绕小微企业的全生命周期推出了个性化服务，充分依托所积累的数字化的领先优势，以拍摄宣传片、助力企业登上大屏和专刊封面、提供精准股权融资服务等多种形式，为它们搭建发声的舞台和拓宽渠道资源的平台，更好地满足了小微企业个性化、多样化的发展需求，并提振了小微企业的成长信心。

有效提升金融服务的覆盖面、可得性和满意度

微众银行面向个人客户打造数字普惠金融产品“微粒贷”，目前已覆盖全国 31 个省份约 600 座城市；约 80% 的贷款客户为大专及以下学历，约 78% 从事非白领服务业或制造业；他们笔均贷款仅 8000 元，且因按日计息、期限较短，约 70% 的贷款总成本低于 100 元，有效提升了金融服务的覆盖面、可得性和满意度。

值得一提的是，微众银行微粒贷与合作银行一起定向为国家乡村振兴重点帮扶县贡献税收，助力乡村产业振兴可持续发展。目前，该项目支持了 5 个“国家乡村振兴重点帮扶县”，累计贡献增值税额 2.95 亿元，新增税收由落地县政府用于各项基础设施建设、

打造主导产业、修复乡村生态环境，推进美丽乡村建设。

此外，微众银行充分利用自研前沿技术手段，推动无障碍金融服务全面升级，已服务听障、视障以及老年人等特殊群体超过 200 万人次，广受认可与好评。

利用科技优势推动建立普惠金融行业标准

微众银行始终坚持自主创新、科技驱动，现已在人工智能、区块链、云计算和大数据等关键核心技术的底层研究算法和应用方面走在行业前列，同时推动主要技术成果在国内外全面开源，协助创造科技生态和推进行业标准建立，积极构筑 ESG 可信基础设施，促进公平与可持续发展。

2022 年，全球知识产权综合信息服务提供商 IPRdaily 与 incoPat 创新指数研究中心联合发布了“2021 年全球隐私计算技术发明专利排行榜（TOP100）”。榜单显示，入榜前 10 名的企业主要来自中国和美国，其中，微众银行以 204 件专利列排行榜第八名，并在所有入选榜单的银行中名列全球第一。

外部评价

微众银行被国际知名独立研究公司 Forrester 定义为“世界领先的数字银行”：“微众银行并非通过非营利活动或政府捐赠，而是通过采用技术主导型创新建立可持续盈利的业务，发散性地促进了中国普惠金融。”

微众银行入选中国银行业协会 2022 年中国银行业 100 强榜单，并且是连续四年上榜，位居第 58 位，较 2021 年上升 13 位，是榜单上唯一的数字银行。

微众银行位列《亚洲银行家》杂志 2022 年“全球 100 家数字银行排行榜”之首。

未来展望

大力发展普惠金融是我国全面建成小康社会的必然要求，也是实现联合国可持续发展目标的重要手段。微众银行的创新实践为国内银行业践行普惠金融、服务实体经济、深化金融业供给侧改革和解决金融服务供给不平衡不充分问题提供了崭新的思路和范例，初步走出了一条商业可持续的数字普惠金融发展之路。

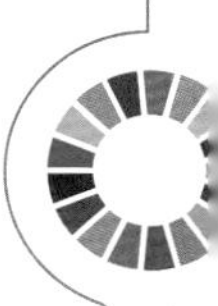

未来，微众银行将持续在金融科技和普惠金融领域开展创新探索，通过深耕科技创新，将普惠金融服务的覆盖范围不断扩大，向小微企业金融、供应链金融等领域深度延伸，并向无障碍和适老化服务拓展，为不同区域、不同人群，尤其是偏远地区、残障人士和老年群体提供便捷、有尊严的金融服务，为进一步提升金融服务的覆盖率、可得性、满意度和增强人民群众金融获得感，助力我国经济高质量发展做出积极贡献。

三、专家点评

微众银行以数字化、差异化、特色化的服务模式服务于实体经济特别是小微企业的发展，专注普惠金融的定位，覆盖农民、城镇低收入人群、贫困人群、残障人士、老年人等普惠金融客群，积极推进数字普惠金融发展，有力地破解了金融服务不平衡、不充分的问题，通过自研数字化前沿技术有力地弥合了“数字鸿沟”，探索解决了金融科技大容量、低成本、高可用性的“不可能三角”，以科技实力探索数字普惠金融新路径，非常显著地体现了公司的科技实力和创新能力。通过赋能支持千千万万的小微市场主体，数字普惠金融的发展必将有力地支持乡村振兴、共同富裕，体现金融服务向实、向善的社会价值。

金融科技服务在发展过程中，必须加强金融科技伦理治理和金融科技伦理规范。作为国家高新技术企业，微众银行除在技术层面不断加强研究和创新外，还应该注意在公司治理和管理层面的制度建设，将 ESG 纳入自身可持续经营的制度约束中，更好地防范数字金融服务过程中的风险，拓宽企业服务公益机构、社会组织和社会企业等机构，以“金融向善”“科技向善”“商业向善”的力量推动经济社会高质量发展。

——西交利物浦大学国际商学院副教授 曹瑄玮

（撰写人：郑茜鸣）

可持续金融

国网安徽省电力有限公司濉溪县供电公司

点“信”成金 助力企业转型升级

一、基本情况

公司简介

国网安徽省电力有限公司濉溪县供电公司（以下简称国网濉溪公司）成立于 2015 年，位于安徽省淮北市，是一家以从事电力、热力生产和供应业为主的企业。国网濉溪公司以建设和运营电网为核心业务，肩负着为濉溪县 1987 平方千米供电区域内的 53 万用户提供安全、经济、清洁、可持续电力供应的使命。公司下设 9 个职能部室、2 个业务支撑机构、11 个中心供电所和 2 个省管产业。

行动概要

实现“碳达峰、碳中和”是党中央统筹国内、国际两个大局作出的重大战略决策，事关中华民族永续发展和构建人类命运共同体，是我国在新发展阶段推动高质量发展的必由之路。金融是现代经济的核心、实体经济的血脉，如果有效利用金融杠杆，不仅能缓解目前中小微企业资金短缺的难题，还能通过绿色金融进一步引导和推动绿色发展。

“十四五”是实现碳达峰目标的关键期、窗口期，国网濉溪公司切实践行中央企业社会责任，以用户实际需求为导向，针对企业在“双碳战略”下所面临的痛点，以“信用”为媒介，以“同心破壁”工作法为依托，积极协调各方资源，打破各方沟通壁垒，通过对话、激励、赋能、倡导等举措，引领相关方共同参与管理，打破各方沟

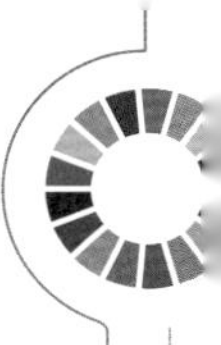

通壁垒，搭建点“信”成金平台，助力企业转型升级。平台有效融合产业、金融、数字、科技、平台等多种元素，以电力大数据为支撑，强化资源整合，放大平台效应，促进供需高效匹配，帮助上下游企业获得普惠金融服务，助力能源产业生态圈市场主体释放活力，缓解了企业数以亿计的资金压力；同时，通过绿色金融机制引导产业低碳升级，累计实现碳排减少超 10 万吨。

二、案例主体内容

背景 / 问题

数据显示，安徽省濉溪地区规模以上企业 2021 年度用电量占总用电量的 65.73%，因此，中小微企业的稳定发展对稳定社会经济秩序起到重要作用。另外，根据濉溪县经济和信息化委员会的统计，濉溪地区中小微企业有 2382 家，电量同比下降超 60% 的企业有 115 家。经过调研发现，这一现象背后的成因：一是中小微企业融资困难，无法解决资金短缺问题，因此影响了企业正常的生产经营；二是企业希望实现产业的可持续升级，但是普遍缺乏转型途径和门路。

党的十八大以来，面对错综复杂的国际国内形势，党中央高瞻远瞩、审时度势，创造性地提出“四个革命、一个合作”能源安全新战略，作出推进碳达峰、碳中和的重大战略决策，明确了建设能源强国新目标，为新时代我国能源清洁低碳转型指明了发展方向、提供了根本遵循。国网濉溪公司主动应对碳达峰、碳中和带来的经济社会深刻变革，面对各种新的巨大挑战，积极探索以“信用”为媒介，以用户实际需求为导向，积极寻求区域内多方协同，打通产业、银行、政府协同绿色发展的金融血脉，搭建点“信”成金平台，探索实施普惠的金融机制——银行保函工作机制，并不断扩大能源金融服务的绿色效应，有效助力小微企业缓解转型升级过程中的资金压力，为企业高质量发展保驾护航，助力经济社会绿色低碳转型。

行动方案

在供应链金融业务中，中小微企业由于自身企业规模小、抗风险能力差，在经济复苏过程中面临流动资金少、融资难度大等问题，必须联动各方，实现资源互助。发展供应链金融业务是国网濉溪公司贯彻落实党中央决策部署，坚持以融促产、以融强产，支持中小微企业发展的重要手段，也是国网濉溪公司作为中央企业以绿色金融手段践行国家碳达峰、碳中和工作部署，助力构建新型电力系统，全力服务地区绿色低碳发展的责任担当。

打通各相关方信息壁垒

国网濉溪公司搭建的点“信”成金平台以缓解企业资金压力、协助企业低碳转型升级为中心。为保障该机制顺利实施，国网濉溪公司以“同心破壁”工作法为依托，通过打通政企间的信息壁垒，建立共享共建机制，破解当前面临的痛点、难点，实现各相关方的多重价值：一是聚焦长效机制构建，组建工作专班，明确职责界面，压实各方责任；开展政策研究，基于用电记录等数据分析，靶向定位客户群体，主动上门走访；收集、整理用户诉求，建立持续沟通机制。二是营造属地合作生态，对接地方政府，利用政府举办的能源管理平台开展宣传引导、利用政企微信工作群进行实时推送，提升属地影响力。对接金融机构，探索保函业务操作形式，锁定目标群体，提高效率。对接企业商协会，引导企业利用有利政策引入资金。

在实践过程中，国网濉溪公司将不断校正项目重心，通过推介会等方式，深入了解各方资源，探索各方需求，形成“资源清单”并对清单进行深入挖掘，精准把握各方联系，建立起了政府、银行、企业、供电企业、媒体之间的“资源—需求”通道，提高资源配置效率，促进各方发展。

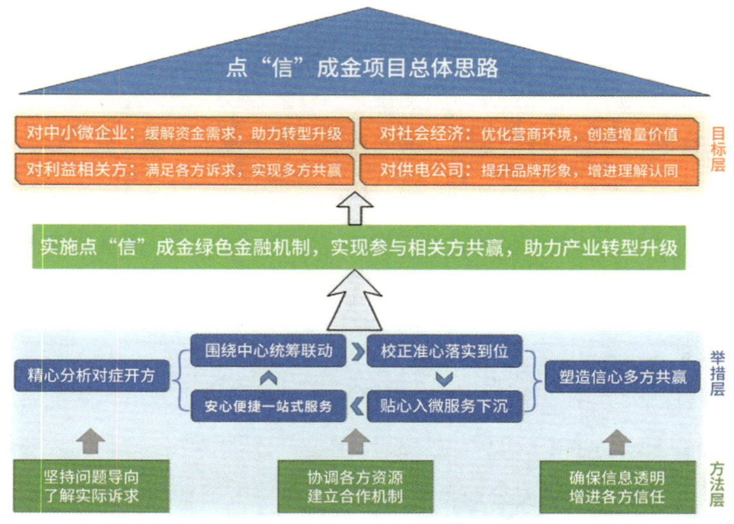

项目总体思路

精心分析对症开方

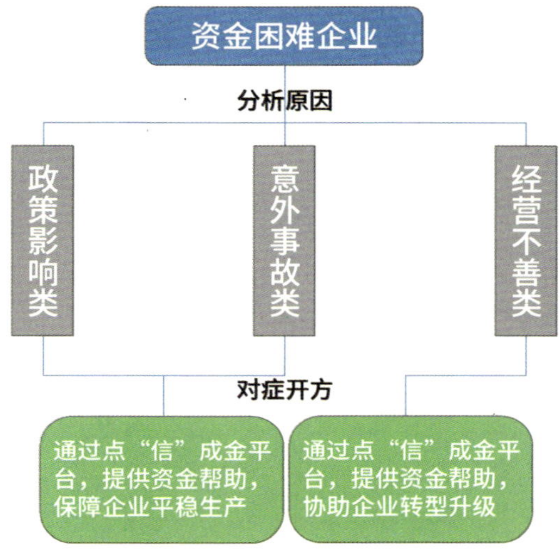

点“信”成金平台分析模式

国网濉溪公司以中小微企业生产经营面临的实际问题为导向，精心分析中小微企业出现资金困难的原因，并根据不同的问题，差异化链接能够帮助问题解决的相关方资源，帮助企业渡过难关。

为更高效地帮助中小微企业解决各类原因导致的资金困难，国网濉溪公司将中小微企业资金困难原因细分为政策影响类、意外事故类和经营不善类，充分利用电力大数据，明确各类型问题的解决路径和可协调资源，助力地方营商环境优化，服务全社会绿色低碳转型发展。例如，通过开辟绿色金融专区、引导合作金融机构充分利用中央银行碳减排支持工具等方式，精准对接企业绿色融资、绿色保险等金融需求，开展基于电力大数据的绿色企业认证及绿色助贷类服务，实现绿色金融业务落地。

案 例

目前，濉溪地区正在积极发展铝基产业特色产业集群，以此推动淮北地区产业转型升级。安徽家园铝业有限公司集建筑铝材及各类冰箱、冰柜、冷链车用铝材加工于一体，产区共计10条生产线，项目总投资3.5亿元，是产业转型升级重点企业。项目建设初期，国网濉溪公司建立专属客户经理团队积主动对接，积极与企业沟通联系，利用电力大数据，以“算碳”为起点，以“知碳”为基础，基于“管碳”需求，以“治碳”为原则，科学合理预测企业用电负荷，对企业生产过程中的电气设备运行、线路定期进行“体检”，及时消除隐患8起，为企业挽回经济损失20余万元，有效降低企业综合生产成本，缓解企业流动资金压力，全力保障辖区内铝基产业平稳、可持续发展。

围绕中心统筹联动

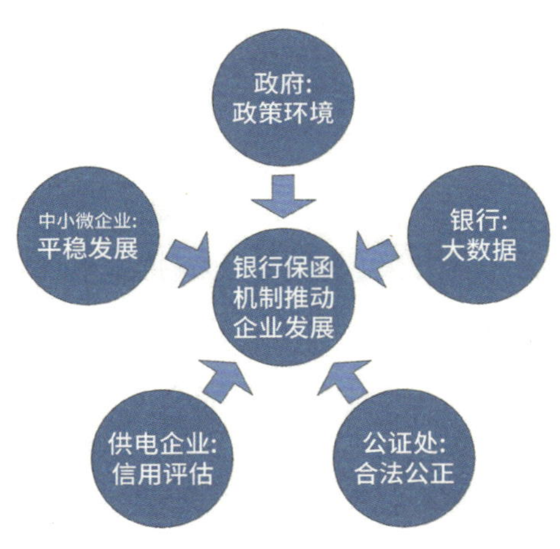

银行保函机制助力企业发展关联图

在实施点“信”成金机制过程中，部分中小微型企业存在信誉使用、还款压力、银行协调等顾虑。国网濉溪公司从实际出发，积极了解企业的真实需求，帮助企业认真分析“银行保函工作机制”的优点和特点，积极协同银行及金融单位解决客户在办理业务中遇到的技术问题，做好配套服务，配合政府牵头组织相关参与方召开当地企业复工复产重点工作推进会，利用政府公信力消除各方顾虑，并结合经济和信息化委员会、招商局给予的相关政策支持，出台了《濉溪县中小企业成长计划》《濉溪县加快新型工业化发展意见》等一系列优化营商环境文件，为企业的可持续发展纾困解难，助力企业实现低碳绿色发展。

贴心入微服务下沉

当前，大量充满活力的新型市场主体进入，传统能源企业加快转型，催生出综合能源服务、能源大数据、平台业务、能源聚合商等一大批新业务、新业态、新模式，产业

专属客户经理上门服务

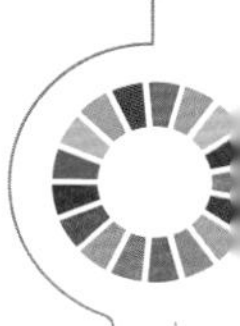

链格局和生态深刻变化，形成全新的能源生态圈。国网濉溪公司努力开拓服务新机制，通过属地供电所建立的专属客户经理团队，主动上门开展“一对一”贴心服务，打通普惠金融“最后一公里”。

此外，为保障点“信”成金机制顺利实施，国网濉溪公司通过搭建平台、常态对接、建立信息共享机制的“一站式服务”新模式，开展电能替代，指导企业不断调整产业和用能结构，助力提升全社会综合能效。

协助企业产业升级

在“双碳”的大背景下，企业面临困难的同时也拥有机遇。国网濉溪公司联合当地相关政府和企业，共同为中小微企业提供产业升级的支持，同时给予资金的优惠帮扶。目前以铝基产业、农业加工为主要突破口，并引入相关资源帮助企业绿色升级。

例如，濉溪地区粮食种植面积 339.6 万亩，在农作物丰收的同时，必然产生大量的秸秆等废弃物。濉溪县众合秸秆回收加工厂是一家农作物秸秆深加工企业，经过秸秆粉碎、提炼纤维、高温打浆等环节后，秸秆摇身一变成为秸秆环保餐具和日用品等。受环境治理压力，为高温打浆的燃煤锅炉使用受限，企业经营生产陷入困境。国网濉溪公司了解这一情况后，积极联系对接，指导用户“以电代煤”，此项措施每年节约燃煤 1.3 吨，减少碳排放 3.3 吨，不但可以助力秸秆的高效利用、协助企业低碳转型升级，也可以优化地方能源结构，并促进农业绿色循环发展。目前，濉溪地区实现类似升级转型的企业已经超过了 16 家，共减少二氧化碳排放 53 吨。

多重价值

经济效益

通过点“信”成金平台，国网濉溪公司进一步丰富服务内容、创新服务方式、提高服务品质，并通过大力开展用能诊断、能效提升等综合能源服务，加快数字产业发展，为“信用”赋能，营造良好数字生态，推动产业转型升级。截至 2022 年 6 月，国网濉溪公司先后为 96 家中小微企业缓解流动资金 1.1 亿元，为稳定企业生产链提供了积极的促进作用。

环境效益

从投入产出的角度来看，点“信”成金平台将各方资源与需求透明化、资源管理更加精益化，有利于充分发挥市场在资源配置中的决定性作用，可以有效促使相关政府部门、企业主体注重资源利用的效率，转变经济发展方式，转换经济增长动力，推动区域经济高质量发展，并进一步拓展电能替代的广度与深度。截至 2022 年 6 月，项目累计实现电能替代 1.13 亿千瓦·时，减少碳排放 11.27 万吨，对全社会的低碳减排做出了贡献。此外，在国网濉溪公司帮助下实现产业转型升级的秸秆加工企业也促进了农村生态环境的改善，助力了构建人与自然和谐共生的农业发展新格局。

社会效益

点“信”成金这一普惠绿色金融机制有利于降低企业方资金周转压力，2021 年上半年，濉溪地区整体运行平稳增长，经济总量达 254.3 亿元，居安徽省县域第七位。2022 年，濉溪地区用电量每月同比两位数发展，体现出经济高速增长的特征。县域内由国网濉溪公司提供供电服务的安徽天成新材料、安徽英科医疗用品有限公司累计解决就业 3400 余人，带动了地区人民生活水平提高，为社会经济增长提供了有效支撑。

推广价值

点“信”成金项目自实施以来，先后获得了国网安徽省电力有限公司 2020 年度社会责任根植项目“二等奖”，同时收录在《2020 年国网社会责任根植重点项目》中；以该类主题的新闻稿件累计在新华网、人民网等中央媒体发刊 11 篇，累计在省、市级媒体刊发 16 篇。项目凝聚了社会各界对国家电网品牌的价值认同、情感认同、利益认同，有助于进一步提升供电企业品牌形象，营造良好的外部发展环境，为推动能源清洁低碳转型和人类社会可持续发展贡献力量。

未来展望

随着“电力大数据 + 信用”的深入应用，点“信”成金这一普惠绿色金融机制的不足将逐渐显现。下一阶段，国网濉溪公司将继续巩固前期成果，持续探索“信用”的多重价值。进一步深化政企合作，积极推广可借鉴、可复制、实用性强的典型经验，以用户实际需求为导向，以聚焦“优化营商环境”中心目标为主旨，继续探索以“亩均效益评价 + 电力大数据 + 电费保险”为信用基础的应用场景，建立多部门融合更加优质、高效的信用评价机制，缓解企业资金压力，助推地方经济高质量发展。

绿色低碳已成为我国能源发展的主旋律，节能环保、新能源等一批绿色及战略新兴产业迎来高速发展的契机，绿色金融需求也呈现空前增长。未来，国网濉溪公司作为电网企业，将继续做好能源产业链“链长”，高效、全方位、多维度、立体化地与更多的

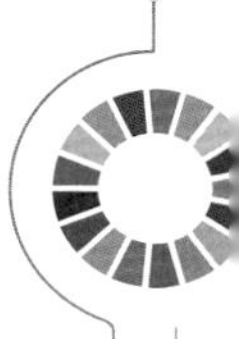

政府平台对接，展现责任央企担当；进一步推动“五统一”进程，整合各方资源，准确定位安徽产融发展模式。统筹各方协同互助，强化产融协同，发挥出“1+1>2”的协作效应，实现共享共赢。

三、专家点评

点“信”成金平台基于企业电力大数据用户画像，分析和构建了企业绿色低碳发展能效报告，客观反映了用户绿色低碳发展潜力，为积极发展绿色金融、有序推进绿色低碳金融产品和服务开发，更好服务低碳经济、绿色产业发展提供了有力支撑。

——中国建设银行濉溪分行行长 刘一鸣

（撰写人：闫攀峰 况文博 凌松 黄礼祥 司俊杰）

河南中原消费金融股份有限公司

构建“五位一体”服务路线图，用金融力量助力乡村发展

一、基本情况

公司简介

河南中原消费金融股份有限公司（以下简称中原消费金融公司）是经中国银行保险监督委员会批准成立的全国性非银行金融机构。中原消费金融公司秉承“合规先行、风险防控、科技驱动”的发展理念，深挖与居民生活密切相关的细分行业，合理利用股东和第三方资源，通过技术创新、渠道整合、大数据应用等手段，致力于通过技术创新、渠道整合、大数据应用等手段，面向个人消费者提供“消费贷款 + 消费分期”服务，构建消费金融生态圈，满足广大客户美好生活品质的需要，以全新的消费金融场景让消费者获得良好的消费体验。

中原消费金融公司作为“7 天无理由还款”权益的倡导者，旗下拥有主打线上小额借贷的中原消费金融 App 及提供专属客户经理服务的线下大额“柚卡 App”，提倡理性消费、适度借贷，以实际行动践行“普惠金融”。

行动概要

中原消费金融公司一直在探索如何更好、更有效地参与乡村振兴。促进乡村欠发达地区可持续共赢性发展是中原消费金融公司履

行企业社会责任的核心领域之一，也是中原消费金融公司企业价值观中“成为最有价值的消费金融公司”的重要组成部分。围绕“服务乡村振兴”战略，中原消费金融公司搭建了“消费帮扶 + 科技赋能 + 金融服务 + 英才行动 + 公益助力”的“五位一体”服务乡村振兴路线图，组建了中原消费金融乡村振兴赋能小组，利用专业知识、数字化科技能力、普惠金融服务、品牌运营优势等公益之举，通过提升个体农户、乡村企业、乡村小学及乡村组织的软实力，助力乡村振兴。

二、案例主体内容

背景 / 问题

《中共中央、国务院关于做好 2023 年全面推进乡村振兴重点工作的意见》指出，必须坚持不懈把解决好“三农”问题作为全党工作重中之重，举全党全社会之力全面推进乡村振兴，加快农业农村现代化。

由于欠发达地区的社会组织发展薄弱、科技水平有限、各项资源不足，在一定程度上影响了当地乡村振兴和发展进程。金融是实施乡村振兴战略的重要支撑。中原消费金融公司一直在探索如何针对乡村实际情况，利用金融力量助力乡村振兴。

在深入乡村调研的过程中，中原消费金融公司发现，大批农村剩余劳动力向城市转移导致产生了大批留守儿童。河南省教育厅颁发的《2020 年河南省教育事业发展统计公报》显示，在河南省的欠发达乡村，义务教育阶段农村留守儿童在校生 172.95 万人，占义务教育阶段在校生总数的 11.58%，其中，小学生 117.87 万人，初中生 55.08 万人。农村学校受办学条件、师资力量、教学理念的局限，针对留守儿童的需求提供的教育和关爱还不够，相关书籍缺少，学校与家庭之间缺乏沟通，导致相当数量的留守儿童产生厌学、逃学、辍学现象。

另外，偏远农村地区的金融供给不足，有的居民有消费信贷需求，却没有相应的产品。很多乡镇地区的金融基础非常薄弱，尤其是对于偏远乡村和山区的居民而言，无论是融资、投资还是消费，金融意识的匮乏阻碍了金融机构对其进行全方面的覆盖。

行动方案

针对河南省乡村存在的问题，中原消费金融公司从产业视角进行分析发现，由于农业具有较长的产业链条，在大多数情况下农民需要的不是单点、单线的帮扶，更是复合型、多元型的帮扶。帮扶农村的相关机构必须成为某种程度的“全能选手”，不仅需要熟悉、精通农业产业链各个环节的知识，还需要因地制宜地采取帮扶举措。除此以外，不仅要利用互联网搭建城市与农村的桥梁，更要用先进的知识与技术，成为消费与生产的连接者。

基于此，中原消费金融公司根据自身优势，制定了一套解决方案，即“消费帮扶 + 科技赋能 + 金融服务 + 英才行动 + 公益助力”的“五位一体”服务乡村振兴路线图，针对不同需求、不同难题探索出了一系列助力乡村振兴的新举措、新路径，帮助农户及乡村组织切实解决了实际问题，成功打造了具有示范意义的项目，取得了良好的效果。

科技赋能：滑县数智大棚项目

物联网技术被誉为互联网技术之后的技术革新。农业是物联网技术的重点应用领域之一，也是物联网技术应用需求最迫切、难度最大、集成性特征最明显的领域。目前，我国农业正处在从传统农业向现代农业迅速推进的过程中，现代农业的发展从生产、经营、管理到服务各个环节都迫切呼唤信息技术的支撑。

在河南省安阳市滑县高平镇大子厢后街村，传统温室大棚已无法满足现代化种植需

利用大数据等技术帮助农户搭建数字化温室大棚，提高种植效率，节省了人工成本

要。为此，该村农户拟建立连栋温室大棚项目，希望进行规模化、机械化、智能化运作，种植西瓜、甜瓜、水果西红柿、草莓等经济作物，并希望对温室大棚进行数字化改造，实现实时监测种植温度、湿度，提高空间利用率，节省人工成本，提高生产效率。然而，该村属脱贫村，要实现这些目标均面临严峻的挑战，尤其是在数字化技术支撑、大棚建设资金方面存在困难，因此如何实现现代化种植是亟待解决的问题。

针对河南省安阳市滑县高平镇大子厢后街村连栋温室大棚项目，中原消费金融公司运用物联网技术对大田种植、瓜果园艺等农业行业领域的各种农业要素实行数字化设计、智能化控制、精准化运行和科学化管理，从而实现对各种农业要素的“全面感知、可靠传输以及智能处理”，进而助力大子厢后街村连栋温室大棚项目达到高产、高效、优质、生态、安全的目标。另外，中原消费金融公司为大棚配置了智能喷水系统、农田气象观测站及物联网平台系统，实现了作物参数监测、实时视频显示、远程种植监控，提高了种植效率，节省了人工成本。

消费帮扶：息县鸭蛋项目

在河南省信阳市息县白土店乡米围孜村水库一带的淮南麻鸭所产的鸭蛋面临严重的滞销问题。麻鸭主要觅食鱼虾、田螺、虫子以及喂食五谷杂粮等，肉质鲜美，产蛋个大、味美，富含微量元素且纯天然无公害。然而，近年来鸭蛋消费受时节性影响较大，麻鸭生产养殖基地原有的销路受阻。另外，鸭蛋作为送礼佳品，品牌价值对其销售影响较大。该生产基地负责人汪磊对品牌营销、包装设计、产品体系构建等专业知识掌握较少，导致产品销路进一步缩小。此外，由于饲料成本不断增加，基地未来的发展面临重重困难。

针对息县白土店乡米围孜村淮河湾土咸鸭蛋滞销难题，中原消费金融公司乡村振兴赋能小组经过沟通和调研后发现，周边零散农户还有小磨香油、咸鸭蛋、酵素大米、红薯粉条等产品。为此，乡村振兴赋能小组从构建全体系农副产品的思路出发，围绕“天然有机”的产品特性，将此部分农副产品资源进行整合，创建共同的品牌。如此一来，既可以减少各个品类申报品牌的成本，也能对淮河湾地区的农副产品进行有效的整合和分类，确立各产品的品牌地位，取得较好的收益。

为此，中原消费金融公司派出专业的产品设计团队，上门与汪磊创办的鱼跃龙门食材基地对接，通过简洁、有冲击力的插画和设计手法诠释全体系的农副产品（包括小磨香油、咸鸭蛋、酵素大米、红薯粉条），建立了统一的产品包装视觉体系，让

利用品牌设计赋能农户，改善产品包装设计，以品牌升级助推销售升级

品牌的整体形象更加贴合当下流行的审美，更具辨识度，帮助其形成统一的品牌包装，以品牌升级推动销售升级。

金融服务：普惠金融产品

针对乡镇居民享受金融服务不足的问题，中原消费金融公司发挥自身科技优势，依托强大的风险控制能力，通过线上运营模式精准触达县域、城乡居民，利用数字化技术对乡村用户群体精准“画像”、分类对接，根据不同用户群体推出相应的普惠金融产品。

针对小微农户和生产养殖基地的群体，中原消费金融公司推出主打产品——线下大额的“柚卡 App”，通过专属客户经理服务提供更高额度和更便捷的服务。针对有消费需求的普通乡村居民群体，中原消费金融公司除推出以小额、分散为原则的中原消费金融 App 外，还在普惠通 App 上线了 H5 全流程普惠金融产品。如此一来，乡村居民足不出户即可享受消费金融信贷产品，打通了金融服务的“最后一公里”。

英才行动、公益助力：“梦想的书架”和“乡村的童画”项目

针对乡村教育资源短缺难题，中原消费金融公司根据教育环境和需求的变化，调整对乡村学校孩子的支持方式。开展了改善乡村儿童教育资源的英才行动，以公益之举助力乡村学校学生软技能的提升方面，持续开展“梦想的书架”公益捐书项目及“乡村的童画”美育课等一系列活动。

自 2020 年 6 月以来，中原消费金融公司携手各地政府机构和爱心人士，先后在南阳市内乡县、商丘市柘城县、许昌市襄城县、鹤壁市淇县、济源市王屋镇、郑州市登封市、洛阳市新安县等地的 30 多所乡村小学建立了 30 多个“爱心书屋”，捐赠篮球、围棋、象棋、乒乓球拍、羽毛球拍等体育教学用具及书包、文具盒等文具共计 200 套，捐赠图书近 10 万册。

发起“梦想的书架”公益项目，在乡村小学设立书架

发起“乡村的童画”公益项目，深入乡村小学开设美育课程

中原消费金融公司希望通过“英才行动”“公益助力”双管齐下，培育和提高这些乡村学生的多项软技能，如读书的专注力、解决问题的能力、团队协作能力、沟通能力、创造力和审美力等，希望这些终身受益的技能可以为孩子们的未来发展打下良好的基础。同时，也希望能为农村基础教育发展及人才培育出一份力，助力改善乡村地区教育生态。

多重价值

中原消费金融公司以实际行动探索形成了具有自身特色的“消费帮扶 + 科技赋能 + 金融服务 + 英才行动 + 公益助力”的“五位一体”服务乡村振兴路线图，以滑县数智大棚项目、息县鸭蛋项目、“梦想的书架”和“乡村的童画”项目、普惠金融产品四个乡村发展行动为依托，在改善当地农业生产基础设施、拓宽农产品销路、提升欠发达乡村地区教育生态、促进农户增收致富、减少乡村与城市居民金融资源不平等方面产生了实际效益。

助力产业项目升级，促进农户增收致富。在中原消费金融公司乡村振兴项目的帮扶下，河南省安阳市滑县高平镇大子厢后街村连栋温室大棚项目正在建设中，该项目建成后，可以稳定提高合作社社员的收益，预计年收益可达 600 万元；收益主要用于增加村集体经济收入和易返贫致贫户、脱贫户帮扶及巩固拓展脱贫攻坚成果、乡村振兴事业发展，增加群众满意度；此外，该项目可以维持 80 余人的正常务工，带动贫困人员 38 人，季节性用工可以达到 150 余人；最后，该项目可促进区域内温室产业的发展，提升高平镇果蔬产业的市场竞争能力，带动电商、物流业的发展，为周边剩余劳动力进一步提供就业机会。

在河南省信阳市息县白土店乡米围孜村淮河湾土咸鸭蛋项目中，中原消费金融公司已完善了全产品体系视觉设计，通过消费帮扶手段，在 2022 年端午节帮助销售鸭蛋 10000 枚，有效促进农户增收致富。

补齐乡村教育“短板”，改善欠发达地方教育生态。在“梦想的书架”公益捐书项目及“乡村的童画”项目中，中原消费金融用公益链接了更多人，改善了欠发达乡村地区的教育生态，努力为乡村振兴、民族振兴培养具备独立思考能力、人格完整、对社会有益的关键性人才。

打通乡村金融服务“最后一公里”，创新普惠金融服务新模式。中原消费金融公司通过量身定制、精准触达，努力践行“金融普惠大众”的使命，成功探索了一条与传统金融机构不同的差异化发展路线，形成了自身具有特色的“五位一体”服务路线图，为金融助力乡村振兴提供了示范。截至 2022 年 12 月，中原消费金融公司服务乡镇居民群体数量超过了 600 万。

未来展望

民族要复兴，乡村必振兴。经济是肌体，金融是血脉，推进乡村全面振兴，离不开金融的有力支持。2023 年，中原消费金融公司将继续以“五位一体”服务路线图为中心，继续担负起“金融支持乡村振兴”的历史使命，持续助力乡村振兴。

在科技赋能层面，中原消费金融将继续围绕滑县高坪镇大子厢后街村数智大棚为中心，关注数智大棚在投入实际运营中产生的问题与改进措施；在消费帮扶及金融服务层面，中原消费金融公司计划在中原消费金融 App 端内开展助农直播活动，以活动促销售，以销售带动当地特色农业的发展；在英才行动及公益助力层面，中原消费金融公司计划与河南省残疾人福利基金会深度合作，结合驻村“第一书记”计划，用驻村书记寻找亟须用书的学校与学生，用书籍为乡村的孩子们打开梦想的大门，助力他们成长成才。

未来，中原消费金融公司将全面贯彻新发展理念，把助力乡村振兴、促进共同富裕作为各项工作的重要着力点，探索助力乡村可持续发展的新路径，用“金融妙笔”绘就乡村振兴蓝图。

三、专家点评

脚下沾有泥土，心中沉淀真情。在乡村振兴这场持久战中，中原消费金融公司探索到了一条切实可行的创新发展路径，用金融“雨露”不断滋润乡村沃土，在希望的田野

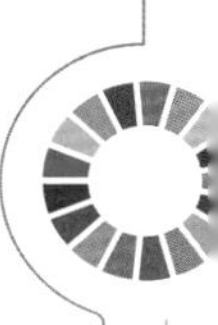

上谱写了一曲激昂的奋进曲。未来，希望中原消费金融公司继续通过“科技赋能 + 消费帮扶 + 金融服务 + 英才行动 + 公益助力”的“五位一体”服务乡村振兴路线图，带动更多农户奔向共同富裕的道路，为全面助力乡村振兴贡献金融力量。

——华平投资高级副总裁，金钥匙专家 梁利华

中原消费金融公司用科技创新实力助力乡村振兴，系统性地搭建了“消费帮扶 + 科技赋能 + 金融服务 + 英才行动 + 公益助力”的“五位一体”服务乡村振兴路线图，切实帮助农户解决生产生活中的问题，展现了企业的社会责任担当。这些行动也是对联合国可持续发展目标中 SDG1(无贫穷)、SDG2（零饥饿）、SDG4（优质教育）、SDG9（工业、创新和基础设施）、SDG10(减少不平等) 五项内容的主动响应，可以作为金融助力乡村振兴的优秀案例进行复制和推广。

未来，希望中原消费金融公司总结成功经验，逐步形成公益品牌，带动更多的产业链上下游企业加入，把有效案例推广到更广泛的地区。

——中证鹏元高级分析师 王雪晶

（撰写人：韩静伟 张雅露）

驱动变革

国网上海市电力公司崇明供电公司

透视城市地下空间

——“产学研用”多方联动，构建地下管网共治生态圈

一、基本情况

公司简介

国网上海市电力公司崇明供电公司（以下简称国网上海崇明供电公司）坐落于上海市崇明岛，承担崇明本岛供电服务保障职责，供电面积 1267 平方千米，约占上海市供电区域总面积的 1/5，下设 1 个中心营业厅，7 个供电营业站，供电区域内有常住人口约 60 万人、42.1469 万电力客户。

近年来，国网上海崇明供电公司在国家电网有限公司和国网上海电力有限公司的指导下，围绕联合国可持续发展目标（SDGs），以崇明“双碳”示范区建设、崇明世界级生态岛建设等为契机，将可持续发展理念融入企业发展，开展了推动能源绿色转型、保障可靠电力供应、优化电力营商环境等众多履责实践，先后荣获“上海市重点工程实事立功竞赛（电力赛区）先进集体”“上海市工人先锋号”等称号。

行动概要

将电力等基础设施向地下空间发展，是全球城市缓解当前用地压力、适应可持续发展的必要选择。国网上海崇明供电公司以提升地下管网运维效能为切入点，联合供水、燃气、通信等地下管网相关单位、高校等利益相关方，打破管理壁垒，共同推动地下管网数

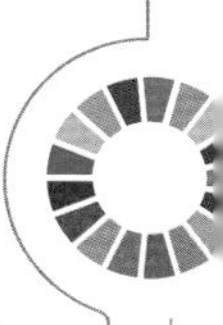

据信息平台建设，创建崇明岛地下管网共治生态圈，加强地下空间数字化治理水平，保障城市稳定供电、助力城市地下管网建设、推动区域经济增长，并实现了多方面的突破与创新。

管理变革：填补地下空间开发综合管理系统领域产品空缺

国网上海崇明供电公司联合利益相关方共同推动地下管网数据信息平台建设，形成的产品级成果已投入一线业务单位进行试运行，强化地下空间数字化治理水平，提升地下管网信息透明度，为地下管线巡检维护难等问题提供了成熟的解决方案。

技术变革：国内首次实现可视化技术与高精度定位技术融合

“透视眼”专项工作组在地下管网数据信息系统开发过程中，为解决地下电缆循迹问题，在国内首次实现可视化技术与高精度定位技术融合，填补了国内该领域的空白，奠定了地下管网数据信息系统在国内的领先地位。

二、案例主体内容

背景 / 问题

地下空间的开发利用是人类社会、经济实现可持续发展的基础，也是中国建设资源节约型和环境友好型社会的重要途径。在中国，越来越多的城市将基础设施向地下空间发展，其中包括交通、电力、通信、燃气、自来水、蓄水排水等设施，然而我国大多数城市地下空间开发利用仍处于起步阶段，尚未建立有效的地下空间开发综合管理系统。

崇明岛是中国第三大岛，“2040 年建成世界级生态岛”的目标极大地激发了崇明岛的发展活力，大批生态、产业、生活相关项目在崇明岛落地。然而，批量项目建设施工严重威胁了包括电力电缆在内的地下管网设施安全。例如，电力电缆设施由于崇明岛电力管线分布零散、地下电缆隐蔽性强，传统人工巡检难度大、效率低且数据统计质量差等原因，管线错挖（外破）等事件频发。据不完全统计，近年来，崇明岛因管线错挖（外破）导致的电力电缆跳闸次数占总跳闸次数的 60%~80%，严重影响了崇明岛的供电可靠性。

面对地下设施人工运维难度大、效率低且外破事件频发的现状，崇明岛亟须通过信息化手段对地下电缆等基础设施进行系统化管理，以技术变革推动管理升级，提高运检效率，减少地下管线破损导致的断电、断水、断网等问题给公众生活、生产带来的经济损失和不便。

行动方案

国网上海崇明供电公司坚持在开放融通中共创共享，与政府、供水、燃气、通信等地下管网相关单位、高校等利益相关方联合，共同研发基于高精度定位技术的电力管线巡检系统和地下管网数据信息系统，不断提升地下管网运维精准度以及降低外损风险，实现与利益相关方共建共享共赢，打造了整合内外部资源攻坚技术难题、提升管理水平、解决社会问题的样板，发挥了示范引领作用。

规划期：高效协作，创建多方共治共享机制

地下管网的维护管理涉及诸多利益相关方，国网上海崇明供电公司通过开展现场调研访谈、交流座谈等形式，深入了解政府、供水、燃气、通信等地下管网相关单位、高校、设备生产商等利益相关方的诉求，整合各方优势资源，推动建立地下管网共治生态圈，开展常态化沟通合作。

国网上海崇明供电公司选派专业团队，与政府、地下管网相关单位、高校、设备生产商代表组建“透视眼”专项工作组，共同研发基于高精度定位技术、地理信息系统（GIS）和 4G 技术的地下管网数据信息系统和移动可视化终端交互平台。一方面，实现地下管网数据信息批量导入、实时更新、信息共享，以及历史运维数据精准记录；另一方面，依托移动可视化终端交互平台，各单位检修人员可随时进行现场定位，查询周边地下综

“透视眼”专项工作组开展会议

合管网信息，获取可视化三维立体图像，为更准确地施工提供可靠依据，提高地下管网综合管理水平和运维效率。

攻坚期：电力先行，攻关地下管网关键技术

“透视眼”专项工作组以电力系统为基础，人工智能、传感技术、边缘计算、信息模型技术、信息安全技术和网络通信技术等多种技术进行综合交叉使用，利用以中国北斗系统为核心，美国 GPS 和俄罗斯 GLONASS 为辅助的三星定位方式进行高精度定位，实现“AR+GNSS+GIS+ 自动三维可视化引擎”的无缝融合，研发了基于高精度定位技术的电力管线巡检系统。

电力管线巡检系统以高精度定位技术为基础，可将全部已有的和在建的电力电缆信息数字化。通过该系统和可移动终端，电缆运维人员可以实时调取现场电缆属性参数、维修记录等信息，获取三维可视化视频，清楚掌握地下电缆管线位置和走向，为现场工作人员提供技术支持，并同步将巡线结果发送到管理中心，实现现场与管理中心信息的双向交互，提高电缆管网的巡检效率和维护能力，提升电缆管网精益化管理水平。

该系统的成功研发，在国内首次实现了可视化技术与高精度定位技术融合，填补了国内该领域的空白；发表科技论文《电力电缆故障定位及健康监测的研究》《基于高精度定位技术的电力管线巡检系统的设计》等 4 篇。

国网上海崇明供电公司员工利用电力管线巡检系统移动终端开展电力设施巡检

进阶期：技术共享，赋能地下管网综合治理

“透视眼”专项工作组以基于高精度定位技术的电力管线巡检系统为基础，加强科技创新成果的共享融通，推动供水、燃气、通信等地下管网单位主体，搭建起地下管网数据信息系统，逐步实现地下管网数据信息批量导入、实时更新、信息共享，以及历史运维数据精准记录。例如，在电力电缆运维中，供电公司运维人员不仅可以获取地下电缆信息，还可以通过移动终端“透视”周边供水、燃气、通信等管线布局，避免操作失误破坏周边其他管线。供电公司管理人员还可定期上传电缆运维计划，并与供水、燃气、通信等相关单位运维计划匹配，在临近地点开展联合作业，使地下管网维护更有序，提高地下管网综合管理效率。

在地下管网数据信息系统开发中，“一种基于增强现实的地下管线显示装置”等两项技术获得了国家知识产权专利；“一种利用自然场景进行地下线缆可视化校准方法”等两项技术的专利申请已被国家知识产权局受理。

拓展期：信息透明，降低地下管网外损风险

“透视眼”专项工作组以开放的态度，持续拓展地下管网数据信息系统应用领域及区域，为工程建设单位等利益相关方提供施工现场周边管网信息，最大限度地减少施工对地下管网造成的经济损失和社会问题，助力建成更加高效、安全、坚强、绿色和智能的地下管网体系，实现科技创新成效最大化，助力多方共赢。

多重价值

经济效益

“一站式”实现多方共享共赢。依托地下管网共治生态圈，国网上海崇明供电公司以及供水、燃气、通信等地下管网相关单位升级地下管网的管理，实现准确开展运维作业。各单位可更有针对性地制订地下管网设施巡检计划，维护更新地下设备设施信息，保障地下基础设施安全，实现多方合作共赢。截至 2022 年 6 月，减少因自身及外部利益相关方挖错管线造成的停电事故相关经济损失达 50 万元。

社会效益

“一张图”提升公共服务水平。国网上海崇明供电公司联合政府、供水、燃气、通信等地下管网相关单位等多方共建地下管网共治生态圈，形成资源与管理合力，以创新的工作方式推动创新科研成果向生产应用快速转化，助力城市地下空间合理开发与综合

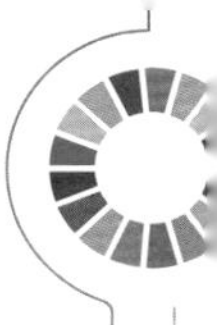

管网建设，解决电力管线等地下管网设施错挖带来的社会问题，为居民生活与企业生产提供更优质的公共服务保障，缓解城市用地压力，服务城市的可持续发展。

推广价值

打造了“产学研用”一体化典范。项目通过融入社会责任理念，实现供电公司与政府、地下管网相关单位、高校、施工单位等利益相关方的资源互换、优势互补、互利共赢，搭建了一个各利益相关方价值共享的高效创新平台，打造了“产学研用”一体化推动技术变革工作模式的范本，有助于营造良好的科技创新应用氛围，具有较强示范推广和应用价值。

未来展望

未来，国网上海崇明供电公司将对照联合国可持续发展目标，一方面，携手地下管网相关单位，持续打破专业壁垒，基于地下管网数据信息系统试运行期的经验成果，逐步实现正式运行，同时利用系统在管网规划建设等工作中开展联合作业，进一步助力城市地下空间合理开发与综合管网建设。另一方面，推动地下管网数据信息系统在国家电网各基层运检单位推广应用，主要应用于电力管线巡检、施工开挖等场景，并结合电力行业传感器，如位移传感器、霍尔传感器、震动传感器等，逐步构成泛在电力物联网电力资产可视化管理平台。

三、专家点评

电力管线巡检系统和地下管网数据信息系统让城市基础建设和公路道路建设不再“盲人摸象”，供电线路外破和道路路面反复开掘现象大大减少，提升了建设效率与运维效能，有效挖掘了区域内的地下空间潜力，为缓解城市用地压力提供了新思路，对城市可持续发展具有深远影响。

——责扬天下（北京）管理顾问有限公司总裁、金钥匙专家 陈伟征

（撰写人：黄凌 施栋 王光东 孟婧）

驱动变革

国网浙江省电力有限公司青田县供电公司
将“硬”服务变成“软”连接，为“侨经济”发展按下快进键

一、基本情况

公司简介

国网浙江省电力有限公司青田县供电公司（以下简称国网青田供电公司）成立于 1978 年，供电区域为 2493 平方千米，主要服务于全县 24.36 万户电力用户。2020 年，公司完成“子改分”，现设有职能部门 7 个，业务支撑与实施机构 3 个，省管产业单位 1 家，供电所 7 个和城区供电中心 1 个。公司员工共 663 人（含全民职工、集体自聘、农电人员、业务外委人员）。2022 年，公司完成全社会供电量为 20.17 亿千瓦·时，同比增长 6.89%；售电量为 19.13 亿千瓦·时，同比增长 9.10%。自成立以来，公司先后荣获国网公司“县级一流供电企业”“浙江省文明单位”“丽水市平安单位”“2020 年度青田县工业强县建设‘优秀部门’”“全国巾帼文明岗”等称号。

截至 2022 年，国网青田供电公司共有 220 千伏变电站 2 座（青田变、海口变），主变总容量 78.45 万千伏安；110 千伏变电站 7 座（东源变、港头变、高湖变、侨乡变、石郭变、温溪变、油竹变），主变总容量为 67.15 万千伏安。公司所属 35 千伏变电站 9 座（北山变、船寮变、阜山变、高本变、钼矿变、仁宫变、山口变、石帆变、祯埠变），总容量为 17.30 万千伏安；35 千伏用户变电站 4 座（小峙变、青钢变、卓业变、瑞浦变），总容量为 17.74 万千伏安。辖区内共有 220 千伏线路 8 条，总长度 236.85 千米；110 千伏线路 14 条，总长

度 203.55 千米；公司所属 35 千伏线路 19 条，总长度 278.22 千米；35 千伏用户线路 7 条，总长度 57.78 千米；公司所属 10 千伏线路 169 条，总长度 2367.25 千米；10 千伏用户线路 17 条，总长度 91.89 千米。配变 2201 台，总容量为 79.33 万千伏安。

国网青田供电公司并网电厂装机总容量 24.47 万千瓦。35 千伏并网小水电 7 座，装机容量 3.86 万千瓦；10 千伏并网小水电 83 座，装机容量 7.41 万千瓦。35 千伏并网光伏电站 3 座，装机容量 8.80 万千瓦；10 千伏并网光伏电站 1 座，装机容量 0.15 万千瓦。35 千伏并网生物质电站 1 座，装机容量 1.20 万千瓦。低压并网屋顶光伏项目 753 个，装机容量 3.05 万千瓦。

行动概要

浙江省青田县是著名的“侨乡”，旅居世界各地的青田人达到了 33 万，分布于世界 120 多个国家和地区，全县华侨数量占当地户籍总人口的 58%。

侨乡的快速发展，离不开当地对营商环境的优化。在国网青田供电公司服务的客户中，78% 的低压用户具有华侨背景，69% 的高压用户由华侨投资，国网青田供电公司立足“把握华侨心理、解决华侨诉求、发挥华侨优势”，以“精准服务华侨”为出发点和落脚点，线上开发“办电微平台”，实现“国内业务海外办”，线下创设“海外营业厅”，实现“海外业务国内帮”，将线上线下、海内海外的资源充分整合。在实现资源互联互通的同时，将服务延伸到华侨归国安居和二次创业的“一揽子”服务，引领华侨资本回归，推动盘活地方经济，通过积极履行社会责任，在国际上树立中央企业的良好形象。

二、案例主体内容

背景 / 问题

电力公司当前的服务难以满足华侨的特殊用电需求

“经济发展，电力先行。”电力保障的安全性和可靠性、电力服务的先进性和优质性是招商引资和企业入驻的必备基础设施条件之一。国网青田供电公司从自身业务出发，通过对华侨相关办电业务情况进行梳理，发现海外华侨存在基数大、分布广、流动快等特点，受到了距离、时间的限制，在供电服务上有别于一般客户的特殊需求和困境。

一是缺少沟通对接平台。在项目实施之前，海外华侨在办理电力等国内业务时，只能亲自回国办理或者请国内人代为办理。因此，以供电服务为入口，打开相关服务领域，建立更有效、更契合的沟通平台是解决目前侨商办理业务时难对接、难沟通、难跟踪服务困局的关键。

二是缺欠华侨定制服务。华侨对用电服务的诉求既包括停电报修、用电新装等普通需求，也包括回乡投资新能源领域、办理国外用电业务等特殊需求。因此，界定华侨主体利益方诉求，构建华侨定制服务是清除供电服务盲区的核心。

三是缺乏协同服务机制。由于服务华侨的各相关政府职能部门、民间服务中心往往各为其职，只进行自身相关的政策发布、解释和业务推进，导致业务管理断层问题时有发生。因此，需要将与华侨相关的利益方诉求和优势进行考量与应用，打破独立平台的运作单一性和目标偏向性，真正架起华侨和相关利益方共通共赢的桥梁。

当前的创业投资环境与华侨的心理预期存在差距

在与华侨进行供电服务的沟通和调研过程中，国网青田供电公司发现，电力服务只是华侨考量是否归国创业的很小一部分因素，青田本地整体的创业投资环境才是吸引华侨归国发展的动力所在。国网青田县供电公司站在利益相关方视角，主动了解和分析华侨归国创业最为关心的问题和需求，运用投资环境多因素分析工具，通过文献调研和利益相关方沟通等方式，系统分析青田县整体的投资环境现状和问题，寻找电网公司优化青田投资环境的切入口和突破口。

行动方案

开发“侨帮主”办电微平台，实现“国内业务海外办”

针对华侨用户的特点，国网青田供电公司依托“网上国网”App，自主研发了“侨帮主”小程序，特别添加“青田话”语音服务功能，用于更好地向华侨用户提供国内业务海外办理服务，分别从平台运营、内部管理和配套保障三个方面进行流程再造和体系重塑。

健全以“全过程服务”为核心的运营体系。在“侨帮主”后台设专人办公，对外负责与客户沟通，提供业务咨询，受理客户业务申请，反馈业务办理结果，定期推送用电服务、电能替代等信息；对内负责将客户业务申请发给相关专业工作人员办理并协调、跟踪、催办流程进度，定期更新“侨帮主”发布信息。

健全以“全流程管控”为手段的管理体系。对“侨帮主”涉及的所有业务流程进行梳理，并结合平台运行情况对业务流程进行动态优化和完善，构建职责体系，明确各个

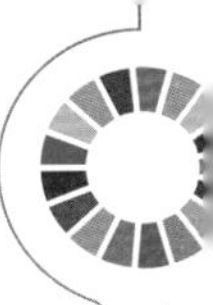

流程环节的责任岗位、工作内容、流程时限、制度规范，实现准确的职责内容、清晰的权责界面和规范的职责管理，做到事事有依据。

健全以"全专业联动"为支撑的保障体系。各专业部门根据职责分工，分别做好绩效激励、工作考核、品牌塑造、宣传推广、制度建设、后勤支持等相关工作，实现"大后台"功能，推动"侨帮主"工作体系高效有序运转。

创设"侨帮主"海外营业厅，实现"海外业务国内帮"

国网青田供电公司建立"海外营业厅"线下全开放工作网络，作为"侨帮主"特色服务在海外的实体阵地，对华侨提供国外电费账单翻译、电费电价信息解读等帮助。一是充分利用分布在海外各处的青田同乡会资源，收集海外华侨涉电需求；二是组建"侨帮主"华侨联络员队伍，聘请离职出国人员或在属地国有一定威望的华侨为国网青田县供电公司侨界联络员，负责公司与海外华侨的沟通联络，了解相关信息；三是与国外成熟运营的节能公司（售电公司）展开常态化合作，实现信息互通、服务共享，确保第一时间掌握当地华侨的涉电信息，为提供精准服务做好准备。

"海外营业厅"依托青田同乡会、华侨联络员队伍和国外能源公司，从三个不同的维度构成立体式服务网络，有效解决了海外华侨办电和用电难题，同时作为对外宣传窗口，让海外华侨知晓国家电网公司海外控股公司的情况。

建立同乡会资源共享机制。通过青田县侨务办公室积极与青田县归国华侨联合会沟通协商，在 39 个同乡会设置国内用电业务受理点，由同乡会负责对华侨身份进行认证，国网青田县供电公司以往离职出国人员或同乡会工作人员负责收集华侨国内办电业务信息，定期将受理的用电申请资料打包发给"侨帮主"办理。

建立联络员队伍协同机制。聘请 16 名威望高、经验足的华侨，组建起了一支灵活高效的侨界联络员队伍，出台了《国网青田县供电公司侨界联络员实施方案》，明确了侨界联络员的联络机制和工作职责，即负责在海外帮忙宣传推广"侨帮主"海外华侨办电服务平台，同时收集海外华侨对供电服务的意见和建议并定期反馈给国网青田供电公司，帮助宣传国内电力相关政策。

建立相关方海外合作机制。与位于西班牙的华人能源公司——"Lumisa"建立战略合作关系，帮助国外的电力公司"讲好中文"，方便他们更好地服务海外华侨，同时也能够与合作方实现资源共享，第一时间掌握青田华侨在海外的涉电动态与需求。

建立“侨帮主”助侨微联盟，实现“效率效益再扩大”

在“侨帮主”办电微平台和海外营业厅的基础上，国网青田供电公司以提供优质的供电服务为出发点和落脚点，提出了“侨帮主”助侨微联盟概念，将服务延展至华侨回国创业的“一揽子”服务，“以电带面”助推公共服务进一步优化，提升侨商回国创业办事效率与服务体验。通过与县侨办、县侨联、同乡会、招商局、商务局、市场监管局等组织机构的密切合作，构建了“AWA”（Abroad-Wechat-At home）国内外联动、多方协同参与的服务模式，国网青田供电公司积极主动整合社会资源，不断推动“侨帮主”办电微平台向“侨帮主”助侨微联盟转变，在立足本职做好“自转”的同时，积极与政府相关部门加强沟通协作，进行有效的“公转”，既为海外华侨电力用户解决供电需求，也帮助他们解决政策解读、归国投资、公共服务等其他社会民生问题，实现海内外供电服务到回国创业“一揽子”服务的全面升级。同时，国网青田供电公司与政府各公共事业部门携手，持续完善“侨帮主”其他功能模块、服务机制和服务平台，也有效破解了“办证多、办事难”这一困扰基层群众的大难题，进一步提高了公共服务质量和效率。

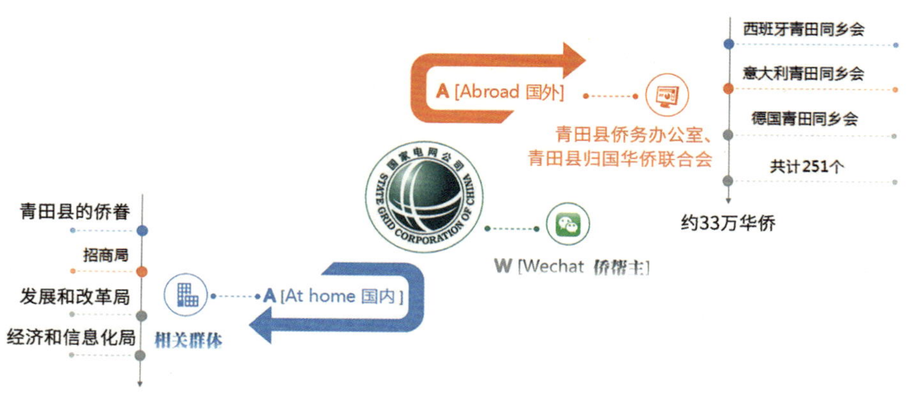

“侨帮主”海外营业厅 AWA 工作模式

多重价值

经济效益

国网青田供电公司通过“海外营业厅”线上办理相关业务，优化了地方发展环境，

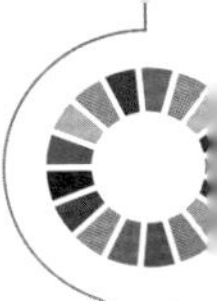

提升了地方软实力，有助于吸引和鼓励侨商的资金回流、企业回迁、人才回乡，为青田经济发展注入了新的活力。

2018 年 9 月以来，“海外营业厅”已吸引了 2000 余名华侨回乡投资创业，涉及业扩报装容量 1 万余千伏安，为青田引进侨商资金 5 亿余元。间接推动了青田县“华侨要素回流工程”落地，带动更多的华侨回乡，为乡村振兴、慈善事业贡献力量。近年来，青田县累计引进侨商项目近百个，实际利用侨资 130 亿元，累计获得华侨用于家乡公益事业的捐款 3 亿元。同时，在青田县开展的“百个侨团结百村”“千名华侨共治水”等活动中，共有 101 个海外侨团结对 103 个行政村，捐赠各类帮扶资金 300 万元。

社会效益

“海外营业厅”定期推送青田招商引资最新咨询，加强了招商引资和经济合作工作方针、政策的宣传力度，有效促进了各部门及利益相关方的横向联系和联动合作，加强相互配合支持，提升了政府和公共事业单位的办事效率，形成了全县上下齐心促进侨商回归的良好氛围。

截至 2022 年 7 月 31 日，国网青田供电公司已在意大利、西班牙等国家设立了 27 个“海外营业厅”，不仅帮助海外华侨解决了回乡创业的涉电困扰，更积极提供了力所能及的志愿服务，为当地居民解决生活问题，实现了国网公司意识形态的对外输出，展现了中央企业“顶梁柱”“大国重器”的良好形象。

据不完全统计，“海外营业厅”近 3 年累计服务侨商侨眷及外国友人超 10 万人次，服务举措不仅得到了中央电视台《朝闻天下》栏目、《人民日报》等权威媒体的关注和报道，也得到了西班牙青田同乡会、意大利《新华时报》等海外侨团、媒体的好评，有力彰显了国家电网敢担当、善作为、履职尽责、向善向上的责任中央企业形象。

未来展望

随着多个海外营业厅的建立，海外华侨办电和用电难题得到了有效解决，让华侨办理用电业务不再受时空和国界的制约。下一步，国网青田供电公司将从华侨需求出发，继续加强涉侨优质服务，进一步完善“侨帮主”办电微平台，优化办电流程，使用电业务办理更简单、更快捷、更便利、更全面。同时，吸引更多的华侨回青田建设家乡，实现海内外供电服务到回国创业“一揽子”服务的全面升级。

国网青田公司将进一步围绕如何将“硬服务”转化为“软连接”，更好地凝聚侨心、汇聚侨智、发挥侨力、维护侨益，持续坚定信心，稳中求进，奋力打造“双碳”目标下以新型电力系统为核心载体的能源互联网企业“青田样板”。

三、专家点评

华侨经济是推动青田经济社会发展的重要力量，国网青田供电公司充分发挥电网企业的资源优势，深入实施“办电微平台”“海外营业厅”等措施，积极营造“重侨、暖侨、兴侨”的服务营商环境，努力把华侨优势转化为经济发展动力，为青田县发展增添了活力，为共同富裕提供了极具借鉴意义的“青田样板”。

——责扬天下（北京）管理顾问有限公司总裁、金钥匙专家 陈伟征

（撰写人：叶巨伟 谢凯 陈智洲 杨杰 胡笑吟 张婷微）

无废世界

上海太太乐食品有限公司

践行可持续发展，共创“无废世界”

一、基本情况

公司简介

上海太太乐食品有限公司（以下简称太太乐）创立于 1988 年，是中国鸡精、鸡粉行业标准制定单位之一，并于 1999 年加入世界知名的食品饮料公司——瑞士雀巢公司，充分利用国际资源加速产品和技术研发。秉承“太太乐，让生活更美好”的企业愿景，太太乐一直致力于鲜味科学的研究和推广，带动鲜味产业的技术创新，不断为消费者带来健康又美味的新一代调味品。

太太乐产品覆盖固态复合风味调味料和液态增鲜调味料两大类的不同系列，多个子品牌，产品规格近 300 个品项。太太乐凭借雀巢体系的国际化管理体制、全球化质量监管体系、强大的研发实力和卓越的员工团队，依托以餐饮、零售、电商、出口为主的四大销售渠道，销售网络覆盖全国各地，并出口至美国、加拿大、日本、中东等国家和地区。作为鲜味科学倡导者，太太乐以“让十三亿人尝到更鲜美的滋味”为企业使命，持续鲜味行业革新升级。

行动概要

太太乐郑重承诺：至 2050 年，与雀巢集团一起全面实现净零碳排放的目标。承诺之下，更有以“净零碳路线图”为主，分节点、有步骤地明确行动。太太乐从再生循环设计、减少原生塑料、塑料循环中和、低碳物流、低碳制造及产品和沟通六个方面持续推动可持续发展工作，目前已累计开展并实施了 26 个可持续发展项目。其中，2020 年太太乐的包装优化行动共计完成减塑 166 吨。2021 年，太太乐明确了针对塑料包装“减塑 + 回收”的可持续发展思路，全年包装优化共计完成减塑 195 吨，同时，对内外部回收的 50 吨塑料软包交由有资质的供应商进行资源化处理。

二、案例主体内容

背景 / 问题

根据联合国环境规划署 2021 年发布的报告，1950~2017 年全球累计生产约 92 亿吨塑料。报告预计，到 2050 年，全球塑料累计产量将增长到 340 亿吨，年塑料废弃物产生量约为 3 亿吨。塑料污染问题已成为仅次于气候变化的全球第二大环境焦点问题，给全球可持续发展带来了极大的挑战。

食品塑料软包装由于材质结构复杂，使用废弃场景分散，难以规模化收集，使回收成本较高，其循环利用也是一个世界性难题。目前，国内绝大多数塑料软包装都作为生活垃圾进行焚烧和填埋处理，不利于减碳和资源化利用。

随着世界工业经济发展、人口剧增等现象的发生，世界气候面临越来越严重的问题，二氧化碳排放量逐年升高，地球臭氧层正遭受前所未有的危机，全球灾难性气候变化屡屡出现，已经严重危害人类的生存环境和健康安全。因此，低碳行动也成为构建无废世界必不可少的环节之一。

由原味鲜头道特级鲜酱油空瓶改造的花瓶

行动方案

在减少原生塑料和再生循环设计方面，太太乐启动包装设计及材料改进行动，从设计开始就考虑后期的回收再生，如使用更易回收再利用的浅色塑料瓶盖替换原有的深色瓶盖、取消包装袋上的拉链扣、探索更易回收的镀铝膜代替铝箔膜包装袋。太太乐通过引入可重复使用的新包装方案，有效提高产品包装的回收分拣和再利用率。除产品包装

食品塑料软包装回收机

外，太太乐在 2022 年全面停止物流仓储过程中使用的缠绕膜、将原生塑料打包带改为再生塑料打包带等，实现了从源头减少塑料的使用。

在塑料循环中和方面，面对日益严峻的塑料污染问题，太太乐不断加强塑料废弃物的回收和利用，积极发展塑料循环经济，从生产、流通、使用、回收、处置等环节推行全生命周期治理，积极联合产业链合作伙伴开展“食品塑料软包装回收机”项目，激励消费者参与到塑料软包装废弃物回收中来，同时将内外部回收的软包装进行资源化处理。

在绿色物流方面，太太乐采取了一系列的优化和创新活动，通过调整运输方式、优化运输线路、提升装载率、增加新能源车辆等措施实现减排。2021 年共减少超过 265.69 吨的碳排放量，有效减少了资源消耗与环境污染。此外，太太乐在提高海运、铁路发运量方面也制定了明确的目标，2022 年已淘汰集团自有的欧 IV（国四）排放标准车辆，同时在氢能源车辆方面展开尝试，已投入一辆氢能源车。

在低碳制造方面，太太乐在 2021 年将可持续发展年度拆解任务的重心放在了节能减排上，从减少浪费、利用新技术、使用新能源三个方面重点考虑。在节能方面，太太乐在 2018 年自主设计完成了流化床冷凝水热能回收项目。在锅炉燃烧器替代上，替换成更加节能的低氮燃烧器，并在锅炉尾部加装 2 级节能器，对烟气的余热和潜热进行了分级回收利用。在空压机改造上，太太乐正在进行功效升级，电加热升级后将余热回收，再加工为热能，仅此一项，空压机的效率就提升了 34%，达到了节约用电的效果。在减排方面，太太乐在生产端通过蒸鸡箱升级、蒸汽消耗电机变频节能控制等方案，尽量减少电力消耗，降低温室气体排放。在物流端通过加速低排放车辆的使用、提高车辆装载率从而减少运输次数、全面采取集约化运输路线三大举措降低碳排放量。

在产品与沟通方面，2022 年，太太乐与蚂蚁森林公益林达成合作，消费者可以通

氢能源车辆投入使用

过步行、公交出行、共享单车等绿色出行方式获得能量，在蚂蚁森林太太乐公益林浇水种植樟子松。太太乐积极参与社会公益，倡导全民一起以更加绿色低碳的生活方式为环保助力。

多重价值

绿色浪潮已经来临，响应国家乃至全球碳中和的号召是太太乐的责任与机遇。无论是“净零碳路线图”，还是塑料软包装智能回收，太太乐的目标设定与实际行动早已在途中，并持续努力实现经济、社会、生态的利益共赢和可持续发展。

经济价值

2018 年，太太乐自主设计完成的流化床冷凝水热能回收项目，实现流化床吨产品能耗下降 20%，每年减少碳排放 1120 吨，每年节约费用大约 225 万元。

凭借在绿色供应链建设、软包装循环中和等方面的实践，太太乐得到了相应认可，荣获了 2020 年上海市“绿色工厂”（四星级）称号、2020~2021 年度塑料回收再生行业创新回收模式“金苹果奖”、中国公益节“2022 年度责任品牌奖”、国际绿色零碳节“2022 绿色可持续发展贡献奖”及“2022 杰出绿色传播奖”。

社会价值

2021 年，太太乐在上海、北京两家永辉超市试点商超门店实施“食品塑料软包装

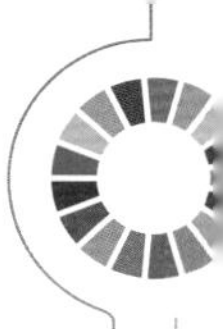

回收机”项目，引导和鼓励消费者参与塑料软包装废弃物回收，构建专属回收流，提升低值废弃物闭环管理，解决日常生活中产生的低值塑料废弃物的回收利用难题。该项目为其他回收难、价值低的包装材料提供了有益借鉴，并且获得了大量媒体曝光，具有广泛的消费者教育价值。此外，2022 年，太太乐与蚂蚁森林合作的公益林项目，上线两周内累计获得公众捐赠的 627 千克能量，共种下 4 棵樟子松，不仅有效号召企业员工共同行动，同时进一步扩大影响至公众层面，让低碳行动更加深入人心。

环境价值

2021 年，企业内外部共回收包装袋 50 吨。开展的浅色瓶盖替代深色项目、打包带改用再生材料、取消标签和纸板箱覆膜以及菜谱式调味料塑料包装更换纸包装等多项包装可持续革新举措，共同助力环境的可持续发展。

未来展望

太太乐将持续推进企业内部的各大节能减排项目，并加强上下游企业的联动与扶持，与社会各界共同进步，推动整个行业的可持续发展，积极投身环保公益事业，为进一步完善和优化公司绿色制造体系，助力达成公司各项可持续发展目标打下了坚实的基础，为全球环境及可持续贡献了力量。

三、专家点评

太太乐践行“无废世界”理念，围绕减少浪费和提高能效做出了卓有成效的改进，很好地体现了公司对负责任生产和消费的可持续发展目标而做出的扎实努力。公司在减少塑料包装方面通过在源头开展可持续设计、考虑后期回收再生，是具有行业通用示范意义的可持续行动，值得在更大范围内推广。建议太太乐进一步加强与有关研发机构的合作，在可持续包装设计方面进一步加强探索，将包装材质的设计与回收再生再利用进行更加系统的整合。作为雀巢旗下公司，太太乐在践行商业可持续发展模式方面，应该深入介绍公司如何践行雀巢所积极倡导的“创造共享价值”模式。结合中国情境下的共享发展理念和共同富裕目标，公司还应该更加注意带动产业上游的科学发展和商业可持续实践，进一步升级企业的社会价值创造，真正实现企业与利益相关方的共创、共享、共益。

——西交利物浦大学国际商学院副教授　曹瑄玮

（撰写人：袁静　朱文绮）

礼遇自然

国网浙江省电力有限公司庆元县供电公司

电力铠甲，守护“百山”之脉

可持续发展目标

一、基本情况

公司简介

国网浙江省电力有限公司庆元县供电公司（以下简称国网庆元县供电公司）成立于 1992 年，始终坚持“安全、效益、服务、发展”的总方针，不断解放思想、争先进位，开创了电网安全稳定、企业快速发展、职工精神振奋的良好局面，有力促进了地方经济社会发展。相继获得了“国网公司一流县供电企业”“国网公司综合管理标杆单位”“国网公司优质服务标杆单位”“全国电力行业用户满意服务单位”“全国用户满意工程先进单位”“中国最美金牌供电所”等殊荣，连续 20 年蝉联“支持地方发展突出贡献奖”，连续 20 年保持市公司绩效考核优胜单位称号，在市公司同业对标、绩效考核、党建工作综合考评和精神文明建设考核中继续保持“大满贯”，成为行业和地方“双领先”单位。

行动概要

生物多样性使地球充满生机，也是人类生存和发展的基础。国家公园是中国的生态文明示范区，浙江省百山祖国家公园是我国 17 个具有全球意义的生物多样性保护关键区域之一，野生动植物资源富集且珍稀濒危物种聚集度高，当地每年落雷上千次引发的森林火灾隐患，旅游业发展、传统农耕生产都对生物多样性保护产生了一定的威胁和压力。国网庆元县供电公司主动融入百山祖生态保护系

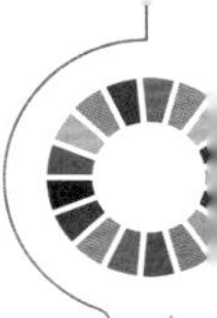

统，以基础设施网、生态智慧网、众防联盟网“三网并举”的全生态电力解决方案，给百山祖穿上了一套“铠甲”，守住了生态安全底线。通过自然资本评估方法应用、精准设计差异化保护方案、场景化矛盾溯源、山区微网自愈、利益相关方协同、业务全生命周期融入等创新措施，构建集资源保护管理、森林火灾预警、应急反应处置于一体的立体式防控体系，保护生物多样性，赋能国家公园成为生态产品价值转化的重要通道，多方聚力开展生态保护。

二、案例主体内容

背景 / 问题

生物多样性是地球上所有生命的基础，是全人类的共同财富。当前全球生物多样性面临的威胁前所未有，地球上已有的物种正在加速灭亡，全球大约 10% 的动植物生存受到了威胁，大量物种将在几十年内濒临灭绝。

习近平在《生物多样性公约》第十五次缔约方大会领导人峰会上的讲话指出：“为加强生物多样性保护，中国正加快构建以国家公园为主体的自然保护地体系，逐步把自然生态系统最重要、自然景观最独特、自然遗产最精华、生物多样性最富集的区域纳入国家公园体系。”国家公园是中国的生态文明示范区，百山祖国家公园森林覆盖率达 95.83%，是我国东部经济发达地区少有的近自然生态系统，列入国家重点保护的野生动物有 62 种，其中一级 11 种、二级 51 种，并且是百山祖冷杉全球唯一分布区。

百山祖国家公园地处偏远，山路崎岖，植被茂密，平均每年落雷超千次，森林火灾风险威胁当地生物多样性。传统的农耕生产靠山吃山，对环境的影响和破坏也不容忽视。此外，当地旅游业和经济发展、人民生活水平提高也对生物多样性保护带来了一定的压力。

行动方案

从 2020 年起，为了进一步保护生态环境，国网庆元县供电公司对本地生态资源进行了详细的生态调查，在精准化掌握生态资源与电网资源的分布关系基础上，以精准保护、多方协同、创新工具、融入建设活动全生命周期为原则，探索经济发展和生态保护“双赢”的新模式。

丽水庆元山间基础设施网

打造基础设施网

百山祖地区共有变电站线路 5 条，总长 95.161 千米，并网发电站 71 座，总装机容量 31.03 万千瓦。为了保护国家公园植被、防止水土流失，国网庆元县供电公司在百山祖地区珍稀树种所在区域供电均经采用地埋电缆，最大限度地减少对植被破坏和动物栖息的影响。

景区里 70% 架空线路多沿公路走向，在末端电力线路加装变压装置，以较少的投资有效提升电网运行弹性，降低停电风险。核心区用电则采用地埋电缆、石材堆砌方式保护植物生长和防止水土流失。为了减少电网对林木的影响，公司改变原有 10 千伏电杆架设方式，将电杆改为电塔，提高电力线路高度（原先 15 米改成 25 米），降低后期维护成本的同时，最大限度地减少线路廊道下珍稀植物的破坏，而且采用线路差异化改造的方式，通过每个点一到两基电杆的改造，用较少的投资提高电网可靠性，累计减少电网投资超千万元。

创新生态智慧网

2020 年起，国网庆元县供电公司首先组织对百山祖保护区动植物资源进行“遍历”调研，以电网线路为坐标进行生态资源统计及数据化。通过社会评价调查、实地调查等方式，在电力线路走廊 1~2 千米半径范围内，统计杆塔所处地形、水源等地理特征信息，

是否有珍稀动植物分布，珍稀生物分布种类、数量，珍稀动物活动习性及珍稀植物的分布规律及成长特征，并将相关数据信息进行数据化整理。

引入利用自然资本核算机制，通过构建自然资本功能评价指标体系并进行定量评估，实现对片区内自然生态功能的周期内（以半年为单位）动态评估，并根据评估核算结果和对风险点的识别，开展基于业务流程改进的内部决策，建立环境友好的电力业务改造解决方案。在经济效率最大化基础上引导投资与改造方案制定，显著提升环境保护与电网改造之间的投产比效率优化。

在这些基础上，形成了百山祖地区动植物分布与电网基础设施分布的“生态智慧网”，通过数字化手段实现了动植物生长活动动态与电网规划建设动态的同步监测。此外，国网庆元县供电公司通过与百山祖国家公园庆元保护中心达成生态信息共享协议，对“生态智慧网”进行以季节为周期的动态更新。

开展差异化防雷改造

基于“生态智慧网”，国网庆元县供电公司提炼了四大典型区域场景，更加精准保护生态、保障园区安全。

落雷影响区域：百山祖地区平均每年落雷超千次，极易引发山火。国网庆元县供电公司依据“生态智慧网”，确定易受雷击的区域，根据雷电定位系统及雷击故障历史大数据，将线路雷击影响区域划分为“红区、黄区、蓝区、绿区”，针对“红区”采用高可靠性防雷措施，针对“黄区”采用高可靠性和普通防雷相结合措施，针对“蓝区”“绿区”则采用普通防雷措施。如 10 千伏合湖 184 线加装新型多腔式避雷器、柱式防雷绝缘子，加大接地电阻，

无人机巡检防范森林火灾

提高避雷属性，有效防范火灾风险。公司还采用天上无人机查看、地上护线员巡检、网上视频监控排查三重防控机制，有效防范森林火灾。

珍稀物种区域：在此区域，架线过程是采取零护坡、零挡墙方式，大幅减少植被砍伐和土石方开挖量。百山祖冷杉保护核心区和野化育种科研基地等分布分散，大山阻隔导致许多“电力孤岛”存在，国网庆元县供电公司创新运用山区微网自愈技术，保障核心保护区和科研基地的 24 小时不间断用电，并降低火灾隐患。

碧水生态区域：国家电网整合国家公园内小水电资源，试点开展百山祖流域梯级水电站智慧调度策略研究，增加能量流动，保护“三江之源”水生态系统。景宁金坑洋水电站是百山祖国家公园规划区唯一一座矿产水电类企业，公司从谈判、评估、补偿到断网拆除，仅在百天内就完成了核心保护区金坑洋水电站的清零工作，并对坝区通过生态修复复绿，

全球野生植株仅存 3 株百山祖冷杉夏果

有效实现企业为生态让路，形成了国家公园水电退出、生态改造的庆元实践。

美丽乡村区域：香菇的烘干、冷库存储环节都要用电。从 2020 年开始，国网庆元县供电公司针对当地香菇种植区域分布相对分散及供电线路半径较长等情况，为种植户提供个性化供电方案。2021 年，庆元县年产香菇近 10 万吨，约占全国产量的 1/15，“庆元香菇”品牌价值突破 49 亿元。国网庆元县供电公司为当地陆续发展起的高山蔬菜、茶叶、高山养殖业、乡村旅游等生态产业保驾护航，提高了周边地区群众的经济收入和生活水平，减少了社区群众对资源的依赖度，也降低了耕种过程中的火灾隐患。

建立众防联盟网

由于生态保护的专业性、牵涉社会主体的多元性，要想真正实现对百山祖地区的生物多样性进行全面保护，电网企业仅靠自身的力量是远远不够的。基于此，国网庆元县供电公司联合多方〔政府部门如百山祖国家公园庆元保护中心、林业局、生态环境局、发展和改革局等，国家公园内社区居民、个体经营户（合作社）、国家公园内企业（水电企业），以及可供动植物保护专业支持的专业机构（个人），包括百山祖自然保护区管理处、森林公安鸟类保护专家〕共同组建了生物多样性众防联盟网，构建完善集资源保护管理、森林火灾预警、应急反应处置、生态保护宣传于一体的立体式防控体系。

伙伴互助系统：与相关机构及专家建立联动机制，推动生物多样性保护项目科学规范推广实施。开展供电巡线员与护林员互聘，共同开展电网巡护、森林防火巡查、珍稀物种救助。

与百山祖国家公园开展供电巡线员与护林员互聘

信息共享系统：国网庆元县供电公司与相关政府部门达成了有关百山祖地区动植物生长、活动数据的共享机制，政企规划协同共商、行动影响反馈共享、动态及时更新。

外部评价

丽水市庆元县百山祖镇斋郎村农家乐老板叶伙有：以前我们这里家家户户做饭都烧柴，现在有了电磁厨房，油烟少了，周围环境好了，也消除了火灾隐患，游客也越来越多了。

百山祖国家公园志愿者吴凌冰：通过宣传百山祖国家公园和森林防火知识，对我的家乡有了更深入的了解，我们是如此热爱庆元，热爱这个绿色家园。

多重价值

经济价值

减少电网投资，降低保供成本。相比新建线路的传统做法节省资金可达 1500 万元。山区微网自愈体系的运用，优化了资源配置，累计节省传统保供时人工成本、物力成本合计 37 万元 / 年，同时提升了生产效益，年预计增发电量 30 万千瓦·时，减少停电损失 18 万元。

电网运营事故率显著下降，2021 年百山祖地区供电可靠率从 99.8430% 提升至 99.9678%，平均抢修时长为 1.29 小时，同比下降了 56%，全年发生由树障引起线路故障 0 条次，相比同期下降 100%，由雷击累计引起线路故障 3 条次，大幅降低了因线路故障引发森林火灾的概率。百山祖园区庆元片区已实现连续 38 年无森林火灾。

促进增收共富。供电可靠性的提升带动周边居民发展农业、旅游业、服务业，农民收入持续增加，低收入农户人均可支配收入 6674 元，增长 21.4%，村集体平均收入达 74.65 万元，比丽水市同类地区平均高 48.9%。全电厨房、全电民宿等被推广，让更多游客走进百山祖，仅 2021 年“五一”期间，就接待游客 4772 人次，旅游收入达 31.018 万元。

社会价值

联合各利益相关方发起的百山祖冷杉保护“伙伴计划”，构建起集资源保护管理、

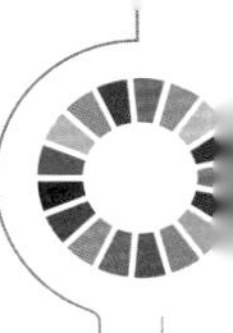

森林火灾预警、应急反应处置于一体的立体式防控体系，制定的行为公约得到了一致认可，凝聚了“国家公园就是尊重自然”的发展共识。

发起的“百山祖国家公园”话题讨论阅读量达 3.7 亿次。“香菇烘干”等电能替代成果被《人民日报》、新华社、《浙江日报》等媒体报道，国网员工、兼职护林员叶阳光被评为第七届庆元县敬业奉献道德模范。

环境价值

一是优化了生态保护。避免了补强电网对百山祖园区的生态破坏，2021 年累计减少林木砍伐 4 万平方米，减排二氧化碳 7.32 万吨 / 年，释放氧气 6.48 万吨 / 年，增加 GEP 2607 万元 / 年。促成的核心保护区金坑洋水电站关停退出，及时为生态保护让路。

二是增强了绿能消纳。山区微网自愈体系的建设，既提升了水电利用效率，又带动了风、光等清洁能源开发和消纳，2021 年累计实现 100% 绿电供应 3658 小时。

三是珍稀物种保护。摸清生物多样性本底，通过不间断记录与更新，共记录到高等植物 2314 种，陆生脊椎动物 289 种，陆生昆虫 2200 种，鱼类 53 种，底栖动物 98 种，大型真菌 149 种。豹猫等一批国家重点保护和珍稀濒危物种相继被发现。

未来展望

电力铠甲就是要做到周全保护。国网庆元县供电公司像对待自己的生命一样对待生态环境，以不负万物之志，勠力呵护百山之脉，构建万物和谐的美丽家园。同时，为国家公园生态保护探索出了一套生态电力方案，促进人与自然的和谐共生。

三、专家点评

生态环境的保护需要我们大家的共同努力，该行动促成了百山祖国家公园生物多样性保护联盟的建立，搭建了利益相关方共赢关系网络，为多方协力的百山祖国家公园生态长效保护机制的形成打下了良好的基础。

——钱江源—百山祖国家公园庆元保护中心负责人　王伟松

（撰写人：杨劭炜　季宁军　潘晓薇　王舒层　林芳芳）

礼遇自然

国网新疆电力有限公司建设分公司

破解电力线路与自然冲突 守护电网下的“绿”

一、基本情况

公司简介

国网新疆电力有限公司建设分公司（以下简称国网新疆建设分公司）于 2018 年根据国网公司“深化纪检队伍改革、强化施工安全管理”12 项配套政策要求，国网新疆电力有限公司在新疆经研院建管中心及新疆电力工程监理有限责任公司的基础上，实施有效整合，组建国网新疆建设分公司。公司内设三个职能部门、五个业务机构，作为国网新疆电力有限公司的重要业务支撑机构，主要承担国家电网公司和新疆电力有限公司直接管理工程项目的建设管理任务，负责工程项目建设的过程安全、质量、进度、造价管理等工作，根据合同要求旅行工程监理和质量评价等业务。近年来，国网新疆建设分公司坚决贯彻落实“绿水青山就是金山银山”理念，结合新疆独特的地理生态环境，加快推进绿色生态电网建设，为新疆经济发展及生态环境可持续发展贡献力量，为美丽新疆赋能。

行动概要

近年来，随着社会经济的快速发展，新疆的工矿企业和城市居民的用电量持续增加，新疆的超特高压电网建设也进入了高峰。虽然新疆的超特高压电网建设已经进入了成熟期，但是超特高压电网建设的线路不可避免地会途经林地、草地、湿地等，这些植物、树

2022 年 6 月，伊犁—博州—乌苏—凤凰 II 回 750 千伏输变电工程为保护云杉，用抱杆组塔方式开展施工作业

种在防风固沙、涵养水源等方面起着至关重要的作用。

作为新疆电网建设的“排头兵”，多年来国网新疆建设分公司建设管理的超特高压工程已经覆盖新疆，新疆电网形成了内供四环网、外送四通道的格局。以往在建设输电线路工程时，对自然生态和环境保护考虑不足，施工通道、材料占地以及基础施工等给自然环境和绿色植被造成了一定的破坏，出现了电网建设与自然环境不协调、与自然生态不协调的现象。

为确保电网建设与生态环境和谐相处，该公司积极践行绿色发展理念，优化输变电工程布局，采取线路绕行、增加铁塔高度、在地面铺设棕垫、限制车辆行驶路线、事后严格恢复等措施，在战风沙、护胡杨、保云杉等方面取得的一系列生态保护成效获得了社会好评。

二、案例主体内容

背景 / 问题

新疆拥有各级各类自然保护地 221 个、国家重点保护野生动物 178 种，是我国生物多样性最丰富的地区之一，森林、沙漠、湖泊、草原、高山、河谷等丰富多彩的地形地貌，孕育了众多珍稀野生动植物。而这些丰富的地貌对维持新疆生态平衡有至关重要的作用。

随着社会经济的快速发展，企业和城市居民的用电量持续增加，新疆的超特高压电网建设也进入了高峰。输变电工程线路会途经公益林、草场、湿地等区域，不可避免地会对生态环境带来破坏。如何在确保电网建设顺利推进的同时不破坏生态环境，成为我们亟须解决的问题。

行动方案

科学设计护珍稀植物

西天山国家级自然保护区位于中天山西段伊犁地区境内，被誉为干旱荒漠中的“湿岛”，保护区内动植物种类繁多，拥有雪岭云杉、新疆野苹果、雪豹等珍稀野生动植物。云杉根系发达，每株成材的云杉都像一台抽水机，可贮水 2.5 吨，对涵养水源、挡水护岸、改善地方生态环境具有很大的作用。因此，在工程建设中保护当地的生态资源对维持新疆脆弱生态系统的稳定至关重要。

科学测量，避让环境敏感目标。伊犁—库车 750 千伏输电线路工程是我国首条横跨西天山主脉的输电线路，并穿越西天山国家级自然保护区。虽然工程已经投运 5 年，但工程建设过程中，作为工程的建设管理单位，国网新疆建设分公司科学管控；在工程的设计阶段，创新采用海拉瓦技术（航拍规划定位线路减少林木砍伐）等高科技测量手段，主动避让环境敏感目标。同时，工程在穿越天山自然保护区时，为了给云杉预留 100 年的生长空间，设计采用高跨度铁塔，增加铁塔整体高度 20~40 米，实现工程建设与周边环境和谐相处。在线路架设时，用无人机引线替代传统的人工引线，尽可能地减少对沿线林木的影响。

2022 年 6 月，伊犁—博州—乌苏—凤凰 II 回 750 千伏输变电工程开展铁塔组立施工作业

2022 年 6 月，伊犁—博州—乌苏—凤凰 II 回 750 千伏输变电工程开展铁塔组立施工现场，工人正在对塔材进行组片

伊犁—博州—乌苏—凤凰 II 回 750 千伏输变电工程开展铁塔组立作业

建立多方联动环保机制。在建的伊犁—博州—乌苏—凤凰 II 回 750 千伏线路工程所在地形特殊，有 57 基铁塔 23 千米线路穿越蒙玛拉森林公园。为保护雪岭云杉，国网新疆建设分公司紧抓监理、施工单位环保措施落地，加强公益林范围内全过程施工管理。在施工过程中，利用建管单位优势，组织工程参建单位人员、工程沿线的牧民、西天山森林管理局等单位开展问卷调查，开展社会责任沟通协调会共同分析探讨电网建设中保护云杉的措施与方法及过程中的责任分工。制定环保管理的高效机制，将社会责任全面融入电网建设的有效路径，将云杉的保护贯穿于工程建设前期的设计、规划、建设以及到后期的恢复，让云杉与电网线路和谐相处。

转变传统作业方式。在设计阶段，采取绕行和高跨的方式，增加工程成本 1000 多万元，线路绕行 2 千米，并将 8 基铁塔的塔高从 45 米升至 56 米。在 1200 多吨塔材进场时，车辆的临时道路有效规避云杉，采取对地面铺设彩条布、在铁塔下方垫方木等措施，确保地面环境不被破坏。采取内悬浮外拉线的抱杆人工组塔方式开展施工作业，减少大型设备对云杉的破坏。导线展放时只在林场内设置两处牵引场，将其余的牵引场都设置在森林公园之外，同时，对设备占用的地面铺设棕垫，防止植被被破坏。

优化设计线路绕行。巴楚—莎车 750 千伏输变电工程作为新疆南部地区 750 千伏电网延伸补强工程的重要组成部分，工程有 25 千米线路需经过胡杨林较为密集的地区，为了最大限度地保护胡杨林国家森林公园，保护胡杨这种防风固沙的古老树种，建设者们多方协调，变更了最初的设计方案，经过 6 次优化线路及塔位，将线路建设地址由胡杨密集区改为胡杨稀疏区。优化后虽然整个线路长度增加了大概 2000 多米，费用增加了 500 多万元，但是有效避免了工程建设对胡杨、红柳、梭梭等荒漠植被的破坏。同时，为了给胡杨林预留生长空间，跨胡杨林区域的 43 基铁塔的塔高从 43 米升至 63 米。

绿色施工保生态文明

工程施工是电网建设的核心环节，输变电工程是否具备生态保护内涵与施工方式密切相关。在新疆超特高压电网建设过程中，国网新疆建设分公司充分将环境友好理念融入工程建设，主动保护生态环境。

减少施工排放。在伊犁—库车 750 千伏输电线路工程建设过程中，为减少土石方开挖量和水土流失，在山区及丘陵段根据地形地势，采用高低腿铁塔，避免削峰作业，确保工程无永久弃渣，扰动土地整治率达 99.74%。除跨越库车河段时因无法避免压覆矿，根据库车水利局意见在河道中立塔外，其余地段均采取对河流一档跨越；且在施工现场设有沉淀池、化粪池，生产生活废水均处理后二次利用，均未对当地饮用水河流造成影响。

降低扬尘。在和田 750 千伏变电站工程建设中，在开展土方开挖作业时，对易产生扬尘路段，主干道路及作业场地进行了水泥硬化，加工区及物料场使用碎石进行铺垫，基坑周边堆土区域使用密目式防尘网进行全部覆盖，从源头上有效降低了扬尘对周边环境的影响。

防风固沙。巴楚—莎车 750 千伏输变电工程、莎车—和田 II 回 750 千伏输变电工程部分处在沙漠地带，为了保护当地的生态环境，在塔位采用草方格防风固沙措施，增加地表粗糙度，以降低地面的风速。

植被恢复创和谐环境

在新疆超特高压工程建设过程中，为使环境友好理念贯穿工程建设全过程，国网新疆建设分公司建立了严格的工程生态修复机制。在施工结束后，采取了人工播撒、种植草木等生态补救措施。

在伊犁—库车 750 千伏输变电工程建设中，投入水土保持资金 4333.55 万元，聘请了专业的生态恢复机构，开展人工播撒、种植草木等生态补救措施，使工程区域林草植被恢复率达到了 94.58%，植被覆盖率达到了 41.65%（传统型输变电工程的林草覆盖率仅为 20%），水土流失治理度达到了 99.75%，有效防止工程建设新增水土流失，降低伊库线对工程当地生态环境的不利影响；后期定期开展回访检查，确保生态环境恢复的长期有效。

和田 750 千伏变电站工程建设结束后，在变电站周边种植树木，绿化周围环境。

在伊犁蒙玛拉森林公益林，电网建设与生态环境和谐共处

外部评价

施工单位：作为工程施工和生态保护相结合的主要实施单位，通过此项工作的开展，有效地提升了所有参建人员保护植被的思想意识，使工程建设和环境破坏达到良性平衡的目的，这不仅是工程建设中的亮点措施，更是我们所有参建人员的宝贵精神财富。

牧民：虽然这个工程占用了我们一部分的草场，但这些电力铁塔也是我们看着一点点立起来的，说实话都有感情了。整个工程的建设过程非常规范，施工范围也是按照最初划定的区域进行的，占地比较少，此外，在施工过程中我们的草场上也没有垃圾，很干净。

媒体：近年来，新疆超特高压工程在建设管理过程中注重生态环境保护，更是不断地探寻电网建设与生态环境和谐共处的管理新模式，多年来在保护珍稀植物、草场、林地等方面做出了不少成绩。2019 年 1 月 5 日，南疆 750 千伏补强工程全线贯通，2019 年 5 月 12 日，南疆 750 千伏补强工程投运，相继被中央电视台、新华社、《新疆日报》等多家媒体报道。2022 年 6 月 6 日，在《新疆 750 千伏超高压电网建设为雪岭云杉让路》一文中，电网建设与云杉和谐共处的典型经验做法得到了中国日报网、《新疆日报》、《科技日报》等多家媒体转发，在社会上获得了好评。

多重价值

系统改善生态。一是减少树木砍伐。从工程对西天山国家级自然保护区及相关区域的影响来看，由于工程选线及施工所采取的避让林木行为，减少了云杉砍伐量。二是主动避让树木。在伊犁—库车、伊犁—博州—乌苏—凤凰 II 回 750 千伏输变电工程建设中，采取多种方式和技术使线路避让云杉、胡杨等保护植物，把对西天山国家级自然保护区及蒙玛拉森林公园、巴楚胡杨林等相关区域的影响降到了最低。三是减少施工对自然面貌的改变。工程在施工时，采用山区架设索道、高低腿铁塔、抱杆人工组塔等方式，减少了临时施工道路建设、削峰作业、大型设备碾压等环境破坏行为；在工程施工后，开展修复，有效地保护了西天山国家级自然保护区及相关区域生态系统。

综合效益长期最优。综合工程对企业自身和对西天山当地生态环境的影响，建设伊—博—乌—凤 750 千伏输变电工程，有助于西天山国家级自然保护区及相关区域实现可持续发展，并改善企业的品牌形象，拓展发展空间，实现综合价值最大化。据不完全统计，在伊犁—库车、伊犁—博州—乌苏—凤凰 II 回 750 千伏输变电工程建设中减少云杉砍伐 2800 余棵。

形成绿色、环境友好型的建设管理新模式。通过在工程建设过程中对生态环境保护的探索，最终形成绿色、友好型建设管理新模式。在绿色施工中融入全流程协同合作环保管理高效机制，固化了将生态环境保护贯穿于工程建设前期的设计、规划，建设过程以及到后期的恢复。在工程的设计、施工、运行阶段，分层次制定严格的生态环境保护方案，以集约、专业为方向，以协同技术、工程管控为主线，发挥建设管理单位、环保调查验收单位、参建单位、各级环保部门自身优势，各单位密切配合、相互协作，形成各级把控、环保工作质效共同提升。

未来展望

下一步，国网新疆建设分公司将结合建设管理的超特高压电网建设工程现场实际，把生物多样性保护理念融入电网建设的各个环节中。进一步开展环境风险排查整治工作，加大履责力度监督，形成环保问题整改闭环机制。主动对接政府相关主管部门，建立重大电网项目环境保护、水土保持管理政企联动沟通机制，全面提升环保水保管理水平。

在工程建设的前期阶段，在输变电工程选址选线时要避免线路进入自然保护区、饮用水水源保护区、生态红线等环境敏感区。综合考虑土地占用、植被砍伐和弃土弃渣等

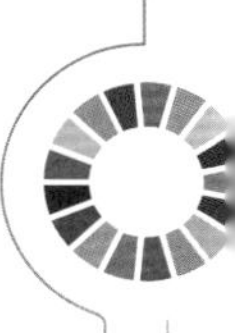

对环境的不利影响，确保污水处理设计满足周边环境要求对应的污水排放质量标准。在施工阶段，优先利用荒地、劣地，以减少临时工程对生态环境的影响，最大限度地减少电网建设给生物多样性带来的影响，构建和谐的绿色电网生态。

三、专家点评

在生态环境较为脆弱的条件下建设新疆超特高压输电线路的过程中，国网新疆电力有限公司建设分公司转变传统的施工建设方式，将生态文明理念深入融入施工管理和作业过程，将好事办好，系统性地构建起一套行之有效的生态环境友好型建设管理模式和全流程协同合作环保管理高效机制，生动、立体地展现了在设计、选址、施工、施工后生态修复等全过程秉持可持续建设管理理念、保护生态环境和生态价值的优良实践。该案例特别体现了施工建设单位通过积极主动与不同利益相关方进行事先沟通和磋商，创新性地探索了基于协同治理的可持续建设管理机制，助力少数民族地区经济社会环境的和谐发展，为行业内相关企业提供了宝贵的样板实践，希望该案例能进一步推进国家电网公司各单位深化开展生态环境友好型建设管理机制的创新实践。

——西交利物浦大学国际商学院副教授　曹瑄玮

（撰写人：胥巍　高晓炎　李俊　滚艳　范江江）

礼遇自然

中国圣牧有机奶业有限公司

沙漠有机奶：养牛治沙 治愈自然

一、基本情况

公司简介

中国圣牧有机奶业有限公司（以下简称中国圣牧）始终以“提供全球最高品质沙漠有机奶”为使命，10 余年来在乌兰布和沙漠腹地打造有机沙草种植、有机奶牛养殖、有机牛奶加工的完整的有机生态治沙产业体系。中国圣牧共运营 32 座牧场，其中 18 座为有机牧场，4 座为原生 DHA 牧场，10 座为常规牧场。现有 9 座牧场入选了“现代奶业定级评价奶牛场”名单，5 座牧场通过了 GAP 认证，居行业领先地位。

中国圣牧既是联合国全球契约组织成员企业，也是国际有机农业联盟（IFOAM）完全会员，是中国奶牛养殖行业在国际有机农业联盟和国际有机农业亚洲联盟中第一个拥有投票权的会员。中国圣牧的有机奶业实践案例入选了联合国全球契约组织发布的《企业碳中和路径图》、世界经济论坛以“新自然经济”为主题的系列报告等，受到了多方好评。

中国圣牧秉持“年轻、开放、变革、可持续、共发展”的发展观，将可持续发展理念融入企业运营与战略中，坚持向可持续的新型奶业公司升级，以商业向善撬动社会改变，实现可持续发展承诺，与利益相关方携手推动畜牧行业乃至全球可持续发展进程。

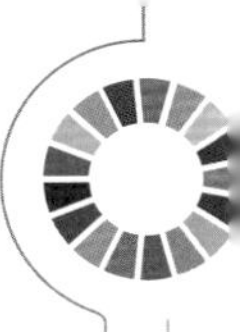

行动概要

气候危机下，野火和旱情给地球带来了更多创伤，增加了土地荒漠化风险。中国圣牧扎根沙漠，通过种植治沙植物和牧草用于饲养奶牛，再用奶牛粪肥沃土壤，以基于自然的解决方案形成完整的有机生态治沙产业体系，打造有机好奶，将原来人迹罕至的沙漠变成“花园绿洲”，为世界贡献了治沙新模式，成为荒漠治理与循环经济相结合的典范。

二、案例主体内容

背景 / 问题

当前，全球荒漠化面积已达 3600 万平方千米，占地球陆地面积的 1/4，每年造成的经济损失高达 420 亿美元。此外，沙漠还在以每年 6 万平方千米的速度扩张，全球有 1/3 的干旱区正处于荒漠化边缘，100 多个国家的 9 亿多人口经受着相关困扰。荒漠化严重威胁着全球生态安全和可持续发展，是需要各方携手应对的重大环境问题。

当前，我国的荒漠化总体趋势有所遏制，但荒漠化治理依然是突出的生态环境问题之一。在我国的八大沙漠中，总面积近 1 万平方千米的乌兰布和沙漠是沙漠化最严重的地区之一。由于紧邻黄河阿拉善段 82 千米西岸，乌兰布和沙漠地区水土流失严重，每年输入黄河的泥沙达 1 亿吨。另外，在高质量发展作为“十四五”时期及未来经济社会发展重点、国家提出“碳达峰、碳中和”目标、中央一号文件连续多年强调推动“奶业振兴”等宏观背景下，我国畜牧业亟须在头部企业的引领下，逐步由数量增长转向经济、生态、社会效益并重的高质量绿色低碳发展。

行动方案

中国圣牧作为农牧企业的头部代表之一，在响应国家战略，积极推进中国奶业高质量发展的进程中，坚持以生态建设为己任，积极推动产业价值新模式与生态建设之间的互促共赢。2009 年以来，为把黄色沙漠变成“花园绿洲”，中国圣牧先后投入资金超 75 亿元，基于“低覆盖度治沙理论”对乌兰布和沙漠进行了大规模生态治理和沙产业建设，打造出了一个规模较大、成效明显、可持续、可观瞻的沙漠有机生态经济循环发展示范区，为中国有机奶业发展与自然环境修复的协同发展之路提供了一套可行方案。

种植有机草场，竖起防沙屏障

经过调研，中国圣牧发现，乌兰布和沙漠虽名为沙漠，但千年之前却是黄河故道，沙层下埋藏着厚达十几米的红胶泥层，有良好的涵水保肥能力。沙漠上大小 200 余座湖泊分布其中，地下水较为丰富，为引水灌溉提供了良好的条件。此外，乌兰布和沙漠处于北纬 40~43 度的黄金奶源带上，日照充足、紫外线强、昼夜温差大，有利于草料作物的生长。这些特殊的地理条件，让“有机牛奶牧场”成为可能。

2009 年 10 月，秉持着“要生产出好牛奶，就要从源头上做好乳品品质管控”的理念，中国圣牧在乌兰布和沙漠正式成立，总部设在巴彦淖尔市磴口县食品工业园区。公司团队将沙漠中的大沙丘推平，掺上有机肥，在沙土上种植牧草。同时，耗费巨资将凌汛期排放至沙漠中的黄河水引入有机种植基地，建成蓄水库，均衡地下水的利用，保障了有机种植的用水需求。

经过对 20 多位牧业、种植业、沙产业科技专家的走访与反复的试验，中国圣牧最终摸清了乌兰布和沙漠对土、肥、水、种的适应情况，以“益草则草，益林则林”的绿化思路，规划了系统化的沙产业体系，研究出了适合在沙漠里种植的无农药、无化肥的灌木桑、苜蓿、青贮等树木、作物。具体到防沙领域，中国圣牧采用的旱生乔木、沙生灌木、多年生牧草与一年生牧草相结合方法：一年生牧草作为先锋植物，可发挥草本植物覆盖固沙的优势；加强矮灌木型防护林结合多年生牧草人工草地建植，以消除大规模沙尘暴沙源；在基地边缘沙区，建植以沙生灌木为主、以乔木为辅的防风林带，形成保护人工草场的屏障。

截至 2022 年，中国圣牧已先后将 23 万亩沙地改造为有机草场，种植沙生树木 9700 多万棵，绿化沙漠 200 多平方千米，在乌兰布和沙漠腹地构筑起了一道严密的防沙屏障。

实施粪便还田，利用奶牛改善当地土质

中国圣牧目前在乌兰布和沙漠拥有牧场 33 座、养殖奶牛 12 万头，日产鲜奶 1800 吨，另有有机肥发酵厂 9 座、生物有机肥发酵厂 1 座。在牧场运营过程中，中国圣牧将牛粪还田融入沙漠有机循环产业的生产全链条中，每年秋收之后，牧场工作人员会将牧场中的牛粪处理成有机肥料，撒在有机草场中以促进沙化土壤团粒结构增加，提升保水保肥性能、土壤肥力，以及作物的抗旱能力，此举可以同时有效避免牲畜排泄物随意处置造

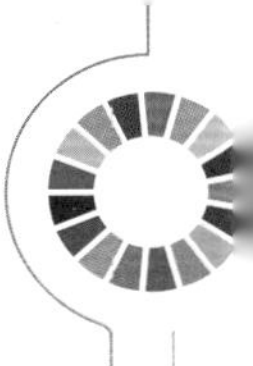

成的水源和土壤污染等问题。

根据推算，中国圣牧在乌兰布和沙漠中的牧场每年可生产数十万吨优质有机肥料，总体积达 60 万立方米，按照 1 厘米厚度铺于沙漠上，可覆盖近 10000 公顷的土地。每 3 亩草场所产草料能够养殖 1 头牛，1 头牛所产牛粪经过处理后能还养分于 3 亩草场。施肥后的草场在 1 年内就能增加 1 厘米的“有机质”，循环越久，有机层越厚，可有效改善草场地区的土质。

增强资源可持续利用，减少碳排放

据联合国粮食和农业组织估算，畜牧业温室气体的排放量约占全球温室气体排放总量的 18%，为最大化减少牧场运营过程中的碳排放，中国圣牧围绕我国“双碳”战略目标和《巴黎气候协定》“降低全球气候 1.5 摄氏度”的承诺，制定了科学有效的碳减排路线，确立了科学碳目标，将减碳融入各运营环节，致力于打造“（种养加）减碳、（农林草）固碳”双元驱动的绿色低碳生态圈与低碳运营体系。

绿色种植。牧草种植过程中提升绿电使用比例；优化草牧场环境，扩大林木种植，提升生态固碳效能。

绿色养殖。调整饲料成分、结构，管理及优化牛群结构，缩短产犊间隔；使用 IVF 技术，提高奶牛 21 天怀孕率，提升奶牛繁殖效率；升级粪便贮存和处理方式，采用卧床回填模式，增强粪污循环利用效能；推进空气源热泵替换燃煤锅炉，挤奶厅鲜奶降温预热回收利用，提升能源使用效率。

绿色加工。饲料加工设备改造，优化能源使用结构；饲料添加剂使用丝兰提取物等可以降低甲烷的排放。

绿色运输。推进新能源车辆使用，上料车、搅拌车等新能源车辆置换率达 70%。

多重价值

经济效益

中国圣牧开创的沙草产业与有机奶业相结合的模式，通过有机种植、有机养殖、有机加工，做到资源在沙漠内自给、沙漠内循环，打造沙漠有机生态区。通过打造和坚持沙漠有机循环产业链模式，中国圣牧打下了坚实的产业发展基础。2014 年 7 月圣牧成功登录香港联交所主板，成为全球有机原奶第一股，近年来连续实现盈利，2019 年净利超 1.35 亿元，同比增长 105.87%；2020 年实现净利超 4.6 亿元，同比增长

239.71%；2021 年实现净利 4.72 亿元，同比增长 15.99%。

根据世界经济论坛以“新自然经济”为主题的系列报告，通过自然资本核算方法估计，中国圣牧的沙漠有机奶牧场项目为自然环境中所有的生物和非生物资源创造的企业效益和社会效益的货币化价值共计 2.26 亿美元。

其中，在企业方面，中国圣牧投入 15000 万元进行节水技术改造，修建了 11 座蓄水池 / 蓄水库，将黄河水引入乌兰布和沙漠，在满足保证自身、周边社区居民用水需求的同时也为调节小气候、涵养水源提供了助力，在 2009~2016 年的 8 年间，乌兰布和沙漠的降水增量降低了 428.85 万企业成本。奶牛粪便堆肥还田，保障全链有机生产，同时减小废弃物对水源和土壤的污染，相当于为企业减少了 48000 万元支出。投入 7140.3 万元修建公路、架设电线，对企业自身业务流畅运行起到极大的保障作用。综合核算中的货币化指标，沙漠有机奶牧场项目为中国圣牧减少了 35722.93 万元支出。

在社会方面，沙漠有机奶牧场项目累计二氧化碳减排量相当于为社会创造了 21666.555 万元效益。此外，牧场的经营和发展为国家和地方创造税收，为社区居民创造新的工作机会，并起到了良好的宣教带动作用，既提升了社会福祉，也在推动有机农业和沙漠产业整体发展，为社区创造了 88580.3 万元效益。综合核算中的货币化指标，项目为社会带来了 110246.855 万元效益。

环境效益

据中国林业科学研究院沙漠林业实验中心（沙漠林业中心）统计，乌兰布和沙漠地区气候得到显著改善，沙漠辐射量较 20 世纪 80 年代减少了 40%~45%，沙尘量减少了 80%~90%；原始风力由平均 6~7 级降至 4~5 级，平均风速减少了 21.41%；降水量增加了 30.36%，甚至出现起雾、下雪等在沙漠中罕见的自然景观。此外，据沙漠林业中心估算，乌兰布和沙漠每年流入黄河的沙量将减少 30 万吨，在未来 30 年，中国圣牧栽种的防护林可固碳 1086 吨。

社会效益

中国圣牧有机现代化的种植、养殖及加工技术，对当地农牧业的发展起到了强有力的推动作用。中国圣牧结合自身的产业优势，探索建立更紧密的农业企业利益联结机制，与约 30 家合作社或农户签订了种植承包协议，提供先进的牧草种植经验，提升牧草种植现代化水平，提高当地农牧民的综合素质，累计直接带动约 2 万多名农牧民实现增产

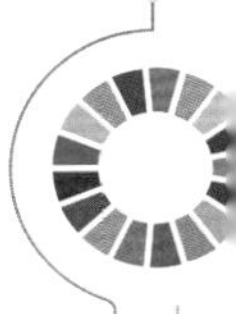

增收，走上致富道路，并为少数民族同胞提供了近3000个工作岗位，在实现自身发展的同时，带动全社会可持续发展。

推广价值

中国圣牧沙漠有机奶牧场项目的实践获得多方认可，先后入选世界经济论坛（达沃斯论坛）《新自然经济报告》、联合国全球契约组织《企业碳中和路径图》；获得国际乳品联合会（IDF）颁发的“气候行动创新奖”（Innovation in Climate Action），入选“2022金蜜蜂企业社会责任影响力”榜单并获得“引领型企业”称号。在第26届联合国气候变化缔约大会（COP26）期间，中国圣牧作为联合国全球契约组织成员企业受邀参加“气候行动企业雄心”高级别线上会议。

未来展望

党的十八大以来，我国累计完成防沙治沙任务2.82亿亩，封禁保护沙化土地2658万亩，全国一半以上可治理沙化土地得到治理，实现了由“沙进人退”到“绿进沙退”的历史性转变，为全球荒漠化治理提供了中国方案、贡献了中国智慧。

未来，中国圣牧将协同产业链上下游企业以及业内同仁，继续以社会责任为引领，以“创建产业治沙模式、建设生态文明示范区，让国人享用全球最高品质的乳品”为使命，通过治沙和高端有机奶产业的发展新模式，构建和扩大种养加循环发展，在沙漠治理上实现了生态效益、社会效益和经济效益的共赢，推动对农牧业供给侧结构性改革、一二三产业更高层次地融合发展，助力中国沙地沙漠生态修复治理与联合国可持续发展目标的实现。

三、专家点评

中国圣牧重视奶源地保护，合理放牧、种养结合、有机循环，提升生物多样性保护意识，合理利用生物多样性资源，生产高质量乳制品，建设绿色发展品牌。其沙漠有机奶牧场的实践经验证明，因地制宜的生态环境“治理＋保护＋发展”商业模式具有可操作性，推广复制价值较大。未来，期待中国圣牧持续提升自身生物多样性管理意识，挖掘更多全新商业机遇，在提升自身经济效益的同时，为利益相关方和社会提供更多经济价值和社会效益。

——责扬天下（北京）管理顾问有限公司总裁、金钥匙专家 陈伟征

这是一个伟大的实践，是应对气候变化行动最有力的竞争者，是对防治沙漠化、植树造林、营造小气候和发展循环经济的强有力的承诺。因为它采取了全面的气候行动方法，针对性地提出最有力且有效的方法，使乳制品更具有可持续性，包括减少奶牛肠道排放，改善生物多样性和通过植树造林实现碳固存。给人的印象非常深刻！

——**国际乳品联合会（IDF）**

（撰写人：张舒媛 朱琳）

礼遇自然

国网湖北省电力有限公司神农架供电公司
“双长”融合 +“双通道”建设 筑牢神农架生态屏障

一、基本情况

公司简介

国网湖北省电力有限公司神农架供电公司（以下简称国网神农架供电公司）前身是成立于 1999 年的神农架林区电力公司，供电区域覆盖神农架林区 6 镇 2 乡，辖区面积 3253 平方千米。供电服务常住人口 7.61 万人，用电客户 44021 户，其中居民客户占比约 82.30%。近年来，国网神农架供电公司坚决贯彻落实“绿水青山就是金山银山”理念，结合神农架林区独特的地理生态环境，加快推进绿色生态电网建设，为创建国家生态文明建设示范区和“富美林场”、建设神农架国家公园和世界著名生态旅游目的地提供了坚强稳定的电力供应和支持。

行动概要

神农架林区是中国唯一以“林区”命名的行政区，林区的生态保护和可持续发展得到政府的高度重视。与此同时，安全可靠的电力供应关系着林区的经济发展和社会民生运行。林区 70% 以上的电力线路穿越森林，线路通道树障砍伐不仅会给沿线生态环境造成一定的影响，还需经过层层审批。若通道得不到及时清理，会给电网安全运行、森林防火带来双重挑战。

为化解输电线路与林区生态资源保护的矛盾，确保电网安全稳定运行，国网神农架供电公司基于电力工人与林业工人基层工作的共同点和相似性，协同神农架林区林业管理局在全国首创性提出“双长双通道”解决方案，通过探索构建合作治理闭环管理模式，共建电力架空线路通道与林火阻隔通道“二合一”通道、护林防火网络、护林防火驿站，推进电力设施“线路长”与森林管护“林长”在巡视、检修、科技和宣传领域的全方位深度融合，打造电力设施保护和森林防火“共建、共治、共享”局面，推进供电企业和林业单位从林电矛盾向林电合作转变，不仅破解了护线防火难题，提升了供电公司的品牌形象，还实现了双方资源的有效配置，增加了护林站和护林员的收益，以经济社会环境综合价值创造为林区高质量发展贡献了重要力量。

二、案例主体内容

背景 / 问题

神农架林区地处湖北省西北部，森林覆盖率高达 91.12%，是全国唯一同时获得联合国教育、科学及文化组织“人与生物圈保护区网成员、世界地质公园、世界自然遗产”三大保护制度冠名的地区，也是三峡水库、丹江口水库的绿色屏障和水源涵养地，被誉为“华中之肺”。因其独特的生态功能和价值，林区生态保护和可持续发展得到各级政府的高度重视。

林区电网 10~220 千伏输配电架空线路共计 1360 千米，穿越森林的线路占线路总长的 70% 以上。作为林区的供电企业，输电线路的建设运维会涉及植被砍伐，时常令基层电力工人陷入进退两难的尴尬处境。一方面，线路通道建设和清理需经森林公安、林业局、环保局等部门多重审批，缺乏有效的合作机制。另一方面，若线路通道得不到及时清理，周边林木易形成“线树放电”而引起输配电线路跳闸事件和火情，给电网安全运行、森林防火带来双重压力。2020~2022 年，电力线路因树障跳闸 316 条次，占总跳闸次数的62%，引发小范围火情3次，容易给林区的生态环境及群众的财产安全造成威胁。

行动方案

随着 2021 年国家“林长制”全面推行和生态保护力度的不断加强，电力线路通道清理越发困难。国网神农架供电公司基于与林业工人基层工作的共同点和相似性，联合林业管理局创新探索“双长双通道”模式，既解决了“线树矛盾”，又有效地预防了森林火灾的发生。

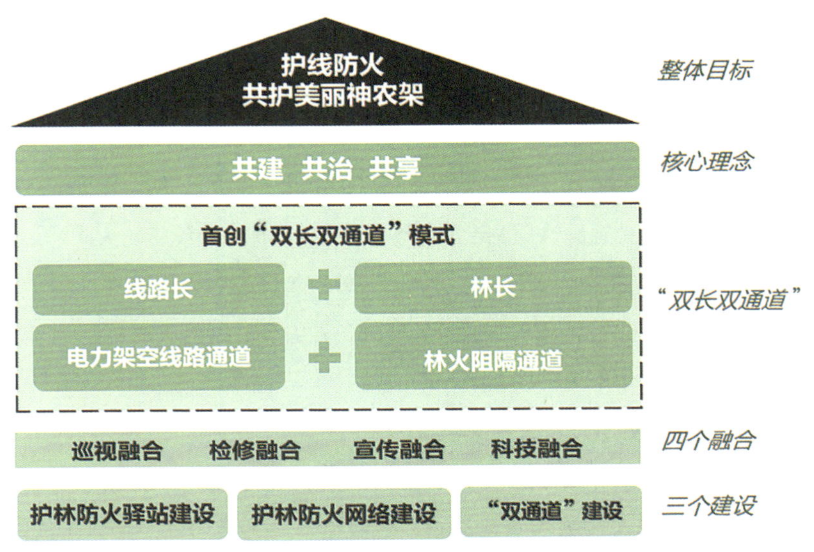

"双长双通道"建设模型

立足长远，探索"双长双通道"闭环治理模式

为确保项目有效落地实施，国网神农架供电公司联合林业管理局探索可持续的"双长双通道"闭环治理合作推进模式，形成工作管理闭环。

联合联管规范化。一是加强组织领导，成立指导小组。经与神农架林区林业管理局商议，双方成立神农架森林电力设施防火隐患治理及"二合一"森林防火标准化通道建设领导小组和工作小组，指导推动相关工作有序开展。二是确立合作内容，形成工作方案。经共同研究，国网神农架供电公司和林业管理局正式印发了《神农架林区森林资源保护与电网设施管理"双长""双通道（带）"建设方案》，明确了"双长双通道"建设的总体要求、主要工作、重点任务、工作阶段。

沟通模式常态化。一是建立联席会议机制。建立双方主要负责人会议联席机制，每年至少召开 2 次联席会议，总结经验，研究解决工作中的重大问题。针对突发问题、紧急问题，可召开临时性专题会议。二是建立沟通协调机制。建立双方业务部门常态化沟通协调机制，成立业务合作专班，负责及时对接工作，落实具体任务，确保信息互通，推进工作任务清单化、目标责任具体化、操作流程标准化。

建设内容标准化。依据《林火阻隔系统建设标准》及《66kV 及以下架空电力线路设计规范》等国家标准及相关规定，共同编制“双通道”建设标准，指导行业规范，更大限度地发挥电力线路通道和森林火灾防控价值。建立了“双长”巡检标准，明确了联合巡检职责职能、巡检范围、巡检频度、巡检措施等日常管理要求。

考核评估可量化。为推进“双长双通道”建设持续完善和改进，国网神农架供电公司和林业管理局根据单位管理性质，结合实际情况，将森林电力设施防火隐患治理及“二合一”森林防火标准化通道建设工作分别纳入各单位年度绩效管理目标，建立绩效管理标准，以便对实施结果进行持续跟踪评价。此外，双方建立联合表彰机制，对在相关工作中有突出贡献的集体和个人予以表彰。

双向融合，推进“双长”资源精准共享

在项目实施中，国网神农架供电公司与林业管理局积极推动林长和线路长在巡视、检修、科技和宣传领域的全方位深度融合，通过整合双方优势资源带动护线防火效率提升。

林长、线路长巡视融合。“双长”联合开展森林防火巡视，建立常态融合巡视机制，明确双方巡视任务、巡视职责，制定双方责任明晰表、巡护周期、巡护责任内容，形成共同巡视成果。

林长、线路长检修融合。“双长”联合开展防火隐患处理，逐一落实隐患处理“双长”责任人，明确工作内容、措施及完成时限，确保火灾隐患早预防、早发现、早处置。

清明期间，输电运检班联合新华林场开展防山火宣传

林长、线路长科技融合。充分利用国网神农架供电公司和林业管理部门的信息平台及设备效能，加强电力智能巡视平台与森林视频监控平台、电网线路信息一张图与林业一张图的深度融合，共同建立集无人机巡检、高山云台

监控、"林电"一张图等于一体的信息化智能管理系统，弥补复杂地理环境中的设备缺陷，提高火灾隐患排查速度。

林长、线路长宣传融合。国网神农架供电公司和林业管理部门通过统一宣传资料、宣传标牌、宣传内容、宣传形式，共同面向林区居民、外来游客等宣传生态资源保护、防火用电安全和电力设施保护知识，增强对内引导力，加大对外宣传力度，扩大舆论影响力。

协同共建，创新打造林电"双通道"

为确保林区森林生态资源安全，国网神农架供电公司与神农架林业管理局周密部署、精细安排，携手共筑森林生态"防火墙"。

共建二合一"双通道"。国网神农架供电公司深入开展林火阻隔带、电力线路路径的研究，配合林业管理部门编制神农架林区林火阻隔系统的规划。尽量将现有电力线路通道纳入林火阻隔带规划范围内，形成了"二合一"森林防火标准化通道。新建电力线路充分考虑林火阻隔带布置规划，在设计阶段合理选择路径，扩宽现有电力线路通道，更换为阻燃低矮植被，发挥生物林火阻隔带作用，达到一条通道、双方应用的效果，形成电力线路通道、林火阻隔带二合一"双通道"。截至 2022 年 12 月底，已纳入林区林

110 千伏堂宋线示范通道

火阻隔系统建设规划的电力线路通道 278 千米，建成示范性双通道 20 千米。

共建护林防火网络。一方面，联合林业、气象、工信、规划等部门，绘制“神农架林区森林防火信息融合图”，指导“二合一”森林防火标准化通道建设项目规划、申报。另一方面，充分发挥 125 名线路长、324 名林长基层引领作用，加强电力巡检专班、供电所所长和护林站站长、林区林长等基层队伍的工作联动，根据双方森林防火巡护周期特点，梳理信息交流流程，共同制定“防火隐患信息互报流程图”，形成信息互报常态机制，达到防火信息时时共享、防火隐患及时共治的目的。通过将每一片林木、每一条线路隐患排查整治监管的具体任务责任落实到人，确保森林有人巡、线路有人管、隐患有人治，构建起森林防火网格化管理模式。

共建护林防火驿站。为解决护林员、巡线员的吃饭、洗澡、住宿问题，无人机机舱充电、维护等一系列难题，国网神农架供电公司结合护林站分布广、数量多的特点，联合林业管理局共同研究布置森林、线路巡护站网络，对现有的 56 个护林站开展光伏、充电桩建设，补充防火装备、生活设施，实现站点绿色电源、网络信号全覆盖，共建绿色全电护林防火前沿基地。

古庙垭绿色全电护林站

多重价值

护线防火，提升供电公司品牌美誉度

通过“双长双通道”建设，一是增强了供电安全可靠性，提升了线路设施本质安全水平，2022 年输配电线路树障跳闸率同比下降 36%。二是减少了火灾隐患，2022 年通过联合巡检累计发现和处理火灾隐患 2085 个，未发生电力设施引发的森林火情。三是减少了林业部门和供电公司的“隔阂”，避免了各类矛盾纠纷的发生，相关工作不仅为其他公司提供了可复制推广的方案，还获得了各方的高度评价，被人民网、《湖北日报》、神农架林区人民政府网等多家媒体报道，进一步增进了各界对国网神农架供电公司的理解和认可，提高了品牌美誉度。

助力“双碳”，促进线路与环境和谐共存

一方面，国网神农架供电公司通过与林业管理局共建驿站、植被恢复，助力碳抵消和碳减排。古庙垭护林站屋顶光伏平均每年可发电 1.2 万千瓦·时，节约能源 3635 千克，减少二氧化碳排放 9920 千克。另一方面，项目实施有助于减少重复采伐造成的水土流失风险和对原始地貌、动植物栖息地的破坏，促进线路与环境和谐相融，助力生物多样性保护。

降本增效，实现林电资源合理高效配置

项目加强了电网抵御自然灾害的能力，降低了林区电网因线路跳闸造成的经济损失，减轻了基层巡检的工作强度。通过与林业管理局合作，双方建立了强大的相互支援互补能力，有效提升了隐患排查效率，减少了双方重复性劳动及投资成本。此外，联合巡检还增加了护林员人均劳务收入约 600 元 / 月，光伏发电每年可为古庙垭护林站增加光伏电量收入约 6500 万元。

未来展望

“双长双通道”建设的落地应用离不开林业管理部门、林电双方基层工作人员的协作。接下来，国网神农架供电公司将全面落实国家电网公司和林区党委、政府决策部署，持续改进并传播推广“双长双通道”建设经验，在探索中不断总结经验，固化森林火灾防控模式，完善线路通道清理长效机制。通过持续发挥供电公司与林业管理部门的优势资源，纵深推进林电合作，助力林区高水平保护高质量发展，为神农架国家公园建设和国家“双碳”目标的实现作出更大的贡献。

三、专家点评

推进“双长双通道”融合发展，无论是从过程还是从结果来看，都具有创新意义，这项工作可以说是运用了加减乘除的综合算法，得出了乘数效应。

一是做好了加法。从过程和功能来讲，“加了职能”，林业和供电都增加了对方原有的工作职能，你中有我，我中有你。从结果来看，“加了收入”，无论是护林员的劳务收入，还是护林站的光伏电力收入，都得到了实惠。

二是做对了减法。从过程来看，“减了强度”，过去各自为阵，对供电和林业都存在很多重复劳动，而现在同样一项工作双方都承担了职能，大大降低了劳动强度。从硬件来看，“减了投入”，无论是砍伐廊道还是建设驿站，实现了资源共享，双方的投入都减少了。

三是做清了除法。从现实来讲，“除了隐患”，这是融合发展最根本的出发点和落脚点，消除了防火以及电线倒杆的隐患。从过去林业和国网的关系来看，由林业对电力的“卡脖子”工程，通过融合发展“除了隔阂”，由两家事变成了一家事。

四是做准了乘法。融合发展是神农架回报国网帮扶之恩的一种表现，“乘良机”顺势而为，为而有功，为而有效。下一步，要“乘良势”一鼓作气在融合工作抓下去，形成覆盖全域、无缝衔接的工作格局。

——神农架林区党委常委　沈绍平

“双长”融合以前，电力线路山火隐患得不到及时清理。现在，我们一起巡视，发现电力线路有山火隐患，现场就能立即解决。

——湖北省神农架林区基层林长　王成

（撰写人：张雯雯　贾泽　刘穗秋　朱玉洁）

双碳先锋

国网江苏省电力有限公司苏州供电分公司

打造碳金“聚宝盆”，建设区域分布式光伏碳普惠市场

一、基本情况

公司简介

国网江苏省电力有限公司苏州供电分公司（以下简称国网苏州供电公司）是江苏省电力有限公司所属特大型供电企业，始终坚持科学发展、创新实践、精益管理，以坚强的电网、优质的服务、务实的作风为苏州经济社会发展提供有力保障，先后获“全国文明单位”“全国五一劳动奖状”“国家电网公司先进集体”“国家电网公司文明单位先进标兵”“全国实现可持续发展目标先锋企业”等荣誉称号。

自 2015 年联合国可持续发展峰会通过 17 项可持续发展目标（SDGs）后，国网苏州供电公司深刻认识自身的责任和义务，主动将可持续发展与企业运营相融合，扎实推进智慧能源高效能的城市能源互联网建设，建成同里区域能源互联网示范区和古城区世界一流配电网示范区，配合承办“一带一路”能源部长会议、连续三届国际能源变革论坛，向世界展示了能源变革中国思想、江苏实践的苏州样本；聚焦为用户“办实事、解难题”，建立健全“特快电力”通道，打造“舒心电力 5S”品牌，推出“全电共享”电力设备模块化租赁服务，加快推进“老旧小区”改造等。

国网苏州供电公司立足苏州在建设国际能源变革发展典范城市

及引领能源变革方面的丰富实践，着力构建现代能源体系，为全球开展以清洁低碳、安全高效为目标的能源可持续发展探索“苏州路径”；同时，发挥引领示范作用，为有志于贡献 SDGs 的企业提供经验借鉴。

行动概要

在苏州市加快建设分布式光伏和境内跨国公司减碳需求旺盛的背景下，基于苏州全球第一大工业城市的产业属性先行先试，以苏州工业园区为试点，以分布式光伏为切入点，推动构建对广泛、小型的减碳行为进行量化、核证和价值变现的碳普惠市场，通过市场化手段优化资源配置，打造碳金“聚宝盆”，助力区域尽快实现碳达峰、碳中和目标。

二、案例主体内容

背景 / 问题

碳交易是推进碳达峰、碳中和的重要市场手段。目前，国家已主导建设碳配额交易和国家核证自愿减排量（CCER）交易市场，二者都是针对大容量的碳资产。分布式光伏等小型碳资产则无法参与上述碳交易市场。

苏州在 2021 年出台了全国补贴最高的整县光伏实施方案，分布式光伏呈爆发式增长。同时，作为全球第一大工业城市，苏州聚集了超过 150 家的跨国企业，这些跨国企业为了更好地参与全球竞争，自愿减排需求十分旺盛。然而，在实际推进过程中存在以下问题：一是碳普惠市场“缺”。分布式光伏等主体由于规模小，无法参与碳交易市场，造成碳资源减碳价值和经济价值无法释放；而有意愿减碳的企业难以找到小型、灵活、便捷的减碳产品，供需双方缺乏有效的连接桥梁。二是碳资产核证“难”。分布式光伏等碳资产核证专业性强，企业缺乏相关人才，市场缺乏核证、交易、分析一站式服务。三是碳金融产品“少”。缺少与碳普惠市场相对应的碳金融产品，且金融征信中数据隐私问题突出，征信时间长、成本高，碳金融效率有待提升。

针对上述问题，国网苏州供电公司以苏州工业园区为试点，以分布式光伏为切入点，联合政府、分布式光伏投资企业、减碳需求企业、银行、上海能源环境交易所等利益相关方，共同合作建立全国首个区域分布式光伏碳普惠市场，应用数字化手段打造“碳普惠智能服务平台”，提供集“数字核证、在线交易、全景分析、联邦征信”于一体的碳普惠和碳金融服务，在实现分布式光伏碳资产交易的同时，赋能银行金融征信、高效授

信，催生更大规模的碳普惠市场，助力推进碳达峰、碳中和进程。

行动方案

资源聚合，发挥分布式碳资产整体效益

当前市场存在分布式光伏等较多的“分布式碳资产”，据国网苏州供电公司统计，苏州工业园区分布式光伏装机容量已达到 12.7 万千瓦，苏州市则将近 140 万千瓦，而江苏省已达到 835 万千瓦。虽然分布式光伏整体容量较大，但由于各企业、各地点的分布式光伏容量较小，分布式光伏投资主体较为分散，且分布式碳资产核证较难、数据信息共享安全问题难解决等因素，分布式碳资产持有者难以参与碳市场。与此同时，园区内较多企业拥有减碳需求，需要在节能设备改造等基础上，补充市场交易手段，以便循序渐进达成降碳目标。因此，国网苏州供电公司采用“聚少成多、聚沙成塔”的“聚宝盆”思路，推动分布式碳资产聚合打包，形成碳普惠产品，进行市场交易或抵押融资，通过市场机制盘活区域分布式碳资产，优化全社会碳资源配置，激活市场主体降碳热情，促进产业绿色升级，助力低碳发展。

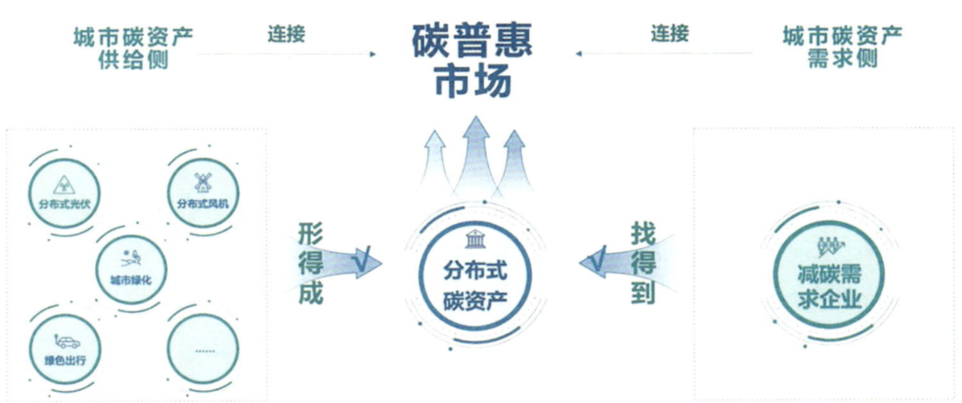

将分散的分布式光伏资源聚合形成碳普惠产品

机制引领，协同多方建立碳普惠市场机制

国网苏州供电公司充分发挥自身连接碳减排供需各方的运营优势和数据优势，联合分布式光伏投资者、政府机构、银行、减碳需求企业、上海环境能源交易所等各利益相关方，推动构建碳普惠市场机制，加快形成对广泛、小型的减碳行为进行量化、核证和价值变现的市场。

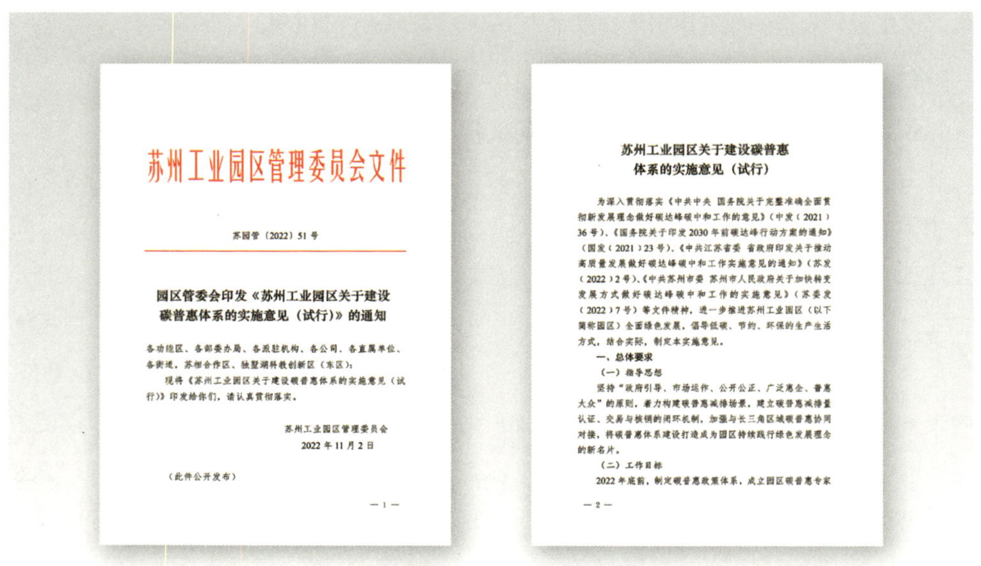

苏州工业园区管理委员会文件

苏园管〔2022〕51号

园区管委会印发《苏州工业园区关于建设碳普惠体系的实施意见（试行）》的通知

各功能区、各部委办局、各派驻机构、各公司、各直属单位、各街道，苏相合作区、独墅湖科教创新区（东区）：

现将《苏州工业园区关于建设碳普惠体系的实施意见（试行）》印发给你们，请认真贯彻落实。

苏州工业园区管理委员会
2022年11月2日

（此件公开发布）

—1—

苏州工业园区关于建设碳普惠体系的实施意见（试行）

为深入贯彻落实《中共中央 国务院关于完整准确全面贯彻新发展理念做好碳达峰碳中和工作的意见》（中发〔2021〕36号）、《国务院关于印发2030年前碳达峰行动方案的通知》（国发〔2021〕23号）、《中共江苏省委 省政府印发关于推动高质量发展做好碳达峰碳中和工作实施意见的通知》（苏发〔2022〕2号）、《中共苏州市委 苏州市人民政府关于加快转变发展方式做好碳达峰碳中和工作的实施意见》（苏委发〔2022〕7号）等文件精神，进一步推进苏州工业园区（以下简称园区）全面绿色发展，倡导低碳、节约、环保的生产生活方式，结合实际，制定本实施意见。

一、总体要求

（一）指导思想

坚持"政府引导、市场运作、公开公正、广泛惠企、普惠大众"的原则，着力构建碳普惠减排场景，建立碳普惠减排量认证、交易与核销的闭环机制，加强与长三角区域碳普惠协同对接，将碳普惠体系建设打造成为园区持续践行绿色发展理念的新名片。

（二）工作目标

2022年底前，制定碳普惠政策体系，成立园区碳普惠专家

—2—

政府出台建设碳普惠体系的政策文件

与地方政府主管部门合作，协同苏州园区管委会建立碳普惠市场管理机制，协助明确碳普惠市场的商业运作规则、运作主体、规范流程、服务标准等基本内容，推动政府出台碳普惠核证方法学、市场实施办法等政策文件，明确市场运行机制。

与上海环境能源交易所合作，在苏州园区管委会指导下，联合上海环境能源交易所共同起草了《碳普惠总体实施方案》《碳普惠管理办法》《碳普惠方法学开发与申报指南》《碳普惠项目建设指南》等，建立起了区域碳普惠市场运行机制。

与银行合作，开展碳普惠金融产品创新研究，针对产品授信标准、操作流程以及风险管理等做出规定，并将联邦学习技术应用于客户征信中，实现高效征信。

与上海环境能源交易所达成合作

与招商银行合作

数字赋能，打造碳普惠智能服务平台

国网苏州供电公司通过电力大数据的价值再发现，融通“电市场”和“碳市场”，协同政府积极建设“碳普惠智能服务平台”，提供“数字核证、在线交易、全景分析、联邦征信”等服务，赋能政府、企业、银行等多方主体高效参与碳普惠市场。

“数字核证”主要为分布式光伏企业提供站点管理、授权认证等服务，帮助光伏企业将发电量转化为减排量，并以一段时间的减排量作为碳资产进行交易。

“在线交易”主要提供减排量统计分析和供需信息详情等服务，提供总减排量、交易总金额、交易完成数量等关键指标的统计分析，可结合业务需要查看相关的交易信息详情，根据市场行情自由决定交易情况。

“全景分析”主要对光伏资产、减排排行等宏观指标统计分析，并基于苏州地图全面展示各个区域分布式光伏情况，将支持查看每个点位的发电详情和碳资产发展趋势，辅助政府把控区域碳减排走势。

“联邦征信”提供面向金融机构的征信服务以及面向企业的融资服务。金融机构可通过平台获取政策及企业授权范围内的信用数据，实现高效安全的信贷审批、资金发放、贷后管理等流程化服务以及反欺诈的预防和管理。企业可以发布融资需求，查询获取平台对接的碳金融产品，提高撮合效率。

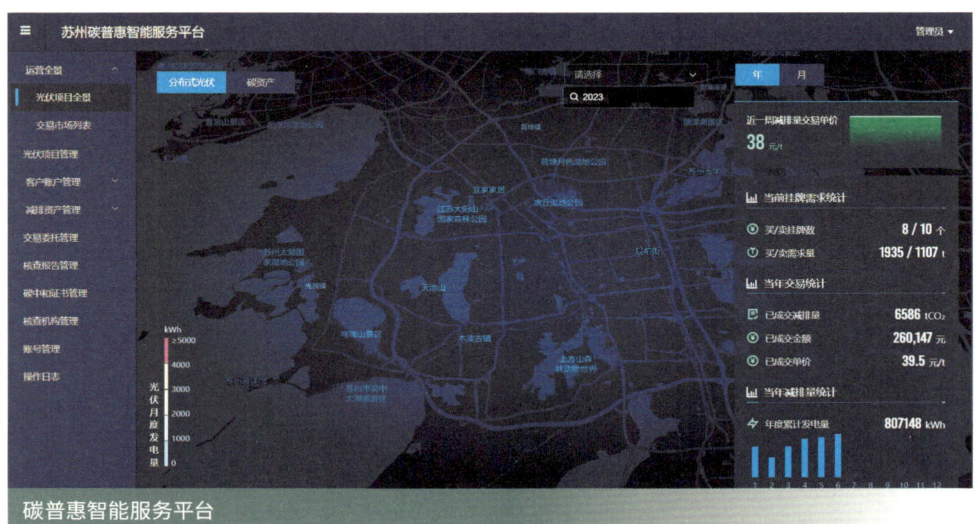

碳普惠智能服务平台

生态运营，保障碳普惠市场良性发展

成立碳普惠市场运营中心。运营中心作为苏州工业园区碳普惠市场的交易服务、推广传播、信息共享、创新发展的重要机构。承担苏州工业园区碳普惠的管理运营职能，包括组织专家委员会对项目和场景减排量核算方法学的论证审定、项目及减排量的签发备案、个人低碳场景及减排量的管理、碳普惠减排量消纳、管理与商业化运营等。

创新金融渠道撬动更大市场。为了进一步构建良性的碳普惠市场，不断提升各方参与热情，国网苏州供电公司联合银行等金融机构进行碳金融创新，致力于通过金融杠杆撬动更大市场空间，实现碳普惠和碳金融的正反馈闭环。为保证金融数据的安全性，应用联邦学习技术保障数据隐私，实现“数据可用不可见”，打破多方数据共享在数据隐私、数据确权方面的壁垒，赋能银行应用多方数据开展“更快速、更低成本、更准确”的金融征信，释放碳资产的金融价值，反哺清洁能源投资，催生更大规模的碳普惠市场。目前，苏州工业园区供电分公司与招商银行合作开发了“碳普惠信用贷”金融产品，初步规定根据光伏企业未来 1 年的减碳收益确定授信额度，进一步拓展了分布式碳资产的价值变现渠道。

多重价值

经济效益

通过多方共建区域碳普惠市场，可以充分激发市场主体对分布式光伏的投资热情，分布式光伏投资主体不再单纯依赖传统发电上网收益，更可以通过持有的分布式光伏碳资产参与市场交易，实现清洁能源的“碳增值”，从而促进风电、光伏等绿电产业发展，降低全社会碳排放强度，也为企业降碳提供了有效途径。苏州工业园区碳普惠模式因此得到了中央电视台《经济信息联播》的专题报道。当前苏州工业园区分布式光伏装机规模为 127 兆瓦，“十四五”时期预计吸引超过 300 兆瓦光伏参与碳普惠，年发电量将超过 3 亿千瓦·时，可实现年交易效益 1400 万元，融资效益 1142 万元。若将模式推广至全国，可实现年交易效益 90 亿元，融资效益 70 亿元，为绿色产业发展注入强劲动力。

社会效益

通过多方共建区域碳普惠市场，可以实现分布式光伏投资者、政府、银行、减碳需求企业、供电公司、上海环境能源交易所六方主体共建共享共赢。其中，政府可以运用碳普惠智能服务平台，查看宏观碳信息，把控区域碳减排发展趋势，开展碳普惠

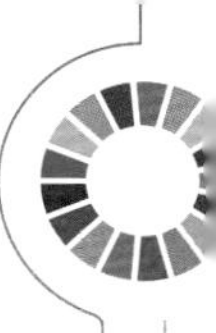

市场全链路监管，科学制定碳减排政策策略；分布式光伏投资者和有意愿减碳企业之间搭建了桥梁，实现碳资产价值变现，满足个性化碳减排需求，激活了小型碳资产交易市场；银行可以拓宽碳普惠信用贷等产品，实现盈利增收；碳资产持有者在获取降碳收益的同时，可以在金融机构申请绿色融资；供电公司可以通过协助建设运营平台，获取代理服务、征信服务、综合能源营收等新的经济增长点，提升碳资产管理能力，撬动更大的综合能源服务市场份额；上海环境能源交易所可通过苏州区域碳普惠市场实践，积累碳普惠市场发展经验，向其他区域推广。该模式已获联合国全球契约中国网络“实现可持续发展目标企业最佳实践”、国家电网有限公司青年创新创意大赛“一等优秀”项目等荣誉。

环境效益

碳普惠市场建立模式已被纳入《苏州工业园区“碳达峰、碳中和”行动方案》，并收到了极好的市场反响，苏州工业园区已有博世汽车、乔治费歇尔等 20 余家企业明确了购买意向，有 15 家光伏企业签订了合作协议，很好地助力区域节能降碳。按照年平均利用小时数 1000 小时计算发电量，“十四五”末苏州工业园区可实现年减碳 24 万吨，并且随市场主体的不断投入，未来将收获更大规模的减碳效应。

外部评价

苏州工业园区管委会高度认可和支持园区碳普惠市场建设，已将碳普惠市场建立模式纳入《苏州工业园区“碳达峰、碳中和”行动方案》中，是园区“双碳”目标落实的重要组成部分。并已针对碳普惠市场建立，协同上海环境能源交易所，拟定了 6 份市场管理政策。

上海环境能源交易所认为，苏州工业园区碳普惠“一站式”数字服务，将打破传统减排量独立核证、高成本操作的模式，实现在线批量核证，将在长三角区域引领碳普惠发展新模式。

招商银行苏州分行认为，苏州工业园区基于联邦学习技术的碳金融发展模式，打破了“数据孤岛”现场，并赋能银行应用多方数据开展“更快速、更低成本、更准确”的金融征信，大幅提升了碳金融效率。

分布式光伏投资者——苏州中鑫配售电有限公司认为，苏州工业园区碳普惠机制创新，解决了分布式光伏项目减排量核证难的问题，让项目除了发电收益还增加了减排量收益，使分布式光伏项目具有更好的商业模式。

减碳需求企业——博世汽车公司认为，在"家门口"就有规范且便捷的减排量购买渠道，企业可以放心购买减排量从而加速实现碳中和。

未来展望

未来在苏州工业园区分布式光伏碳普惠模式创新试点的基础上，打造开发小规模资源减排项目（Small Scale Certified Emission Reduction，SSCER）产品，即聚焦分布式储能、风机、高效节能空调、供热锅炉电力或天然气替代、电动汽车五个方面，扩展碳普惠项目种类，加快塑造城市碳普惠发展新范式。

三、专家点评

该案例充分发挥电网企业的数据优势，大幅降低了分布式光伏的核证成本，激发了企业参与碳普惠市场的热情，助力企业绿色低碳转型，是数字经济与低碳发展融合的典范。

——江苏现代低碳技术研究院院长 徐拥军

该案例为企业提供"家门口"的碳减排量认证和交易服务，实现了用户友好便捷接入，大幅降低了企业参与碳普惠的门槛，有效补充了现有的碳市场交易体系，是长三角区域碳普惠机制联动建设的生动实践。

——国家级经开区绿色发展联盟秘书处主任 宋雨燕

（撰写人：王宁 朱玮珂 郎燕娟 孙偲 刘宏宇）

致　谢

感谢金钥匙专家委员会对 2022“金钥匙——面向 SDG 的中国行动”的大力支持，感谢 2022“金钥匙——面向 SDG 的中国行动”评审专家的大力支持，感谢参与本行动集的企业给予的大力支持。

金钥匙专家委员会

马继宪　中国大唐集团有限公司国际业务部（外事办公室）副主任

王文海　中国五矿集团有限公司企业文化部部长

王　军　中化蓝天集团有限公司党委书记、董事长

王　鑫　bp（中国）投资有限公司企业传播与对外事务副总裁

王　洁　施耐德电气副总裁

戈　峻　天九共享集团董事局执行董事、全球 CEO

吕建中　全球报告倡议组织（GRI）董事

庄　巍　金蜜蜂首席创意官

祁少云　中国石油集团经济技术研究院首席技术专家

伦慧斌　瑞士再保险亚洲区企业传播部负责人

李　玲　安踏集团副总裁

李鹏程　蒙牛集团执行总裁

陈小晶　诺华集团（中国）副总裁

陈伟征　责扬天下（北京）管理顾问有限公司总裁

沈文海　中国移动通信集团有限公司发展战略部（改革办公室）总经理

肖　丹　昕诺飞大中华区整合传播副总裁

杨美虹　福特中国传播及企业社会责任副总裁

张　晶　玫琳凯（中国）有限公司副总裁

张家旺　中国圣牧有机奶业有限公司总裁

金　铎　瀚蓝环境股份有限公司总裁

郑静娴　Visa 全球副总裁、大中华区企业传播部总经理

周　兵　英特尔公司副总裁、英特尔中国区公司事务总经理

铃木昭寿　日产（中国）投资有限公司执行副总裁

徐耀强　中国华电集团有限公司办公室（党组办、董事办）副主任

唐安琪　中海商业发展有限公司副总经理

黄健龙　无限极（中国）有限公司行政总裁

梁利华　华平投资高级副总裁

韩　斌　中国企业联合会咨询与培训中心副主任、原全球契约中国网络执行秘书长

鲁　杰　佳能（中国）企业营销战略本部总经理

（以姓氏笔画为序）

2022“金钥匙——面向 SDG 的中国行动”评审专家

（不包括参与评审的金钥匙专家委员会部分专家）

王凤佐 中国企业联合会国际部国际劳工处处长

王亚琳 联合国开发计划署（UNDP）驻华代表处官员

王清平 完美世界控股集团副总裁、工会主席

王 颖 标普全球中国区 ESG 及运营管理副总裁

史根东 联合国教科文组织中国可持续发展教育协会秘书处执行主任

师建华 中国汽车工业协会副秘书长、教授级高级工程师

刘长俭 交通运输部规划研究院水运所运输经济室主任

刘心放 国家电网有限公司社会责任处处长

刘晓海 保护国际基金会驻华首席代表

李永生 国家能源投资集团有限责任公司企管法律部（改革办）副主任

李 丽 对外经济贸易大学国际经济研究院副研究员

李 涛 新浪财经 ESG 频道主编

李 霞 生态环境部对外合作与交流中心、中国—东盟环境保护合作中心处长

张舒媛 中国圣牧有机奶业有限公司可持续发展负责人

陈 迎 中国社会科学院生态文明研究所研究员、可持续发展研究中心副主任

陈路崎 TPG 董事

金钟浩 世界自然基金会（WWF）高级顾问

房 志 中华环境保护基金会副秘书长

胡柯华 中国纺织工业联合会社会责任办公室副主任兼可持续发展项目主任

胡 悦 世界经济论坛自然行动议程大中华区主管

柴麒敏 国家气候战略中心战略规划部主任

郭大鹏 《国资报告》杂志副总编辑

康　泰 Lululemon 政府事务总经理

税琳琳 中国传媒大学设计思维学院院长、教授

傅　莎 能源基金会战略规划主任

雷　明 北京大学光华管理学院教授、北京大学乡村振兴研究院院长

翟志勇 北京航空航天大学法学院教授、科技组织与公共政策研究院副院长

翟慧霞 中国外文局国际传播发展中心战略研究部主任

缪　荣 中国企业联合会首席研究员

潘　荔 中电联行业发展与环境资源部（电力行业应对气候变化中心）主任

（以姓氏笔画为序）